国外信息技术优秀图书选译

Image Processing Using Pulse-Coupled
Neural Networks (Second Edition)

脉冲耦合神经网络图像处理

（第2版）

T. Lindblad　　J. M. Kinser 著

马义德　绽 琨　王兆滨 等译

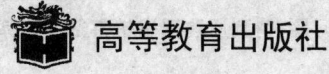

高等教育出版社

图字号:01-2008-1345

Translation from the English language edition:
Image Processing Using Pulse-Coupled Neural Networks by T. Lindblad and J. M. Kinser
Copyright ©Springer-Verlag Berlin Heidelberg 1998, 2005
Springer is a part of Springer Science + Business Media
All Rights Reserved

图书在版编目(CIP)数据

脉冲耦合神经网络图像处理:第2版/(瑞典).林德布莱德(Lindblad,T.),(美)凯泽(Kinser,J. M.)著;马义德,绽琨,王兆滨译. —北京:高等教育出版社,2008.4
书名原文:Image Processing Using Pulse-Coupled Neural Networks
ISBN 978-7-04-024463-2

Ⅰ.脉… Ⅱ.①林…②凯…③马…④绽…⑤王… Ⅲ.神经网络-图像处理 Ⅳ.TP183

中国版本图书馆 CIP 数据核字(2008)第 045133 号

| 策划编辑 | 陈红英 | 责任编辑 | 陈红英 | 封面设计 | 刘晓翔 | 责任印制 | 韩 刚 |

出版发行	高等教育出版社	购书热线	010-58581118
社 址	北京市西城区德外大街4号	免费咨询	800-810-0598
邮政编码	100011	网 址	http://www.hep.edu.cn
总 机	010-58581000		http://www.hep.com.cn
		网上订购	http://www.landraco.com
经 销	蓝色畅想图书发行有限公司		http://www.landraco.com.cn
印 刷	北京中科印刷有限公司	畅想教育	http://www.widedu.com
开 本	787×1092 1/16	版 次	2008年4月第1版
印 张	9.75	印 次	2008年4月第1次印刷
字 数	180 000	定 价	18.00元

本书如有缺页、倒页、脱页等质量问题,请到所购图书销售部门联系调换。
版权所有 侵权必究
物料号 24463-00

译者序

意识问题是对当代科学的巨大挑战,长期以来一直是科学家十分关注的研究对象。由于意识问题的极端复杂性,经过长达几个世纪的探索,至今还没有取得突破性进展。随着人们对生物学与计算机科学等学科研究的逐步深入,相信人们对意识问题的本质会有更深刻的认识。

由于发现脱氧核糖核酸(DNA)的双螺旋结构,Francis Crick 与 Maurice Wilkins 共同获得 1962 年诺贝尔生理及医学奖。Francis Crick 认为"人的精神活动完全由神经细胞、胶质细胞的行为和构成及影响它们的原子、离子和分子的性质所决定"。他坚信,意识这个心理学的难题可以用神经科学的方法来解决。他用科学方法来解释意识奥秘的著作《惊人的假说——灵魂的科学探索》一书的最后章节,特别提到脉冲耦合神经网络和研究脉冲耦合神经网络的开山鼻祖 Charles M. Gray 和 Reinhard Eckhorn 等科学家。

1987 年,Charles M. Gray 等发现猫的初生视觉皮层有神经激发相关振荡现象,并于 1989 年将其研究成果发表在 Nature 杂志上。与此同时,Reinhard Eckhorn 根据猫的大脑视觉皮层同步脉冲发放现象,提出了展示脉冲发放现象的连接模型,继而对其模型进行修改开拓性得到了脉冲耦合神经网络的基本模型。在脉冲耦合神经网络的具体应用中,目前在瑞典首都斯德哥尔摩 AlbaNova 大学中心的瑞典皇家理工学院粒子与天体粒子研究所从事科研的 Thomas Lindblad 和在美国乔治·梅森大学任职的 Jason Kinser 研究尤为出色。两位合著的《Image Processing Using Pulse-Coupled Neural Networks》是目前脉冲耦合神经网络应用研究中的权威著作。

译者作为国内最早研究脉冲耦合神经网络的一员,有幸经原作者同意翻译此书,从而国内读者可以更通俗、更准确的方式了解该书有关脉冲耦合神经网络应用研究中的有关知识。

国内研究脉冲耦合神经网络是从 20 世纪 90 年代末开始的。脉冲耦合神经网络模型是在哺乳动物视觉皮层神经元研究的基础上提出的新型神经网络模型,国内研究者很少研究其神经元内在机理,主要将其作为强大的数学工具应用于图像处理各个领域,很少对数学模型或参数设置进行研究。本书介绍

Jason Kinser 提出的交叉皮层模型以及几种与脉冲耦合神经网络有关的皮层模型，并介绍脉冲耦合神经网络与小数幂指数滤波器结合，在目标识别、图像融合等方面的应用，同时阐述了基于脉冲耦合神经网络的纹理图像分析、图像签名和硬件设计以及与其它学科的交叉研究内容。由于属于智能信息学科发展相关的前沿动态研究，因此无论在国内还是在国外，都有一定的参考价值和实用价值。

脉冲耦合神经网络属于目前研究和讨论最多，发展最快的第三代人工神经网络。本书适合从事智能信息处理、模式识别、数字信号处理与软计算理论、计算机视觉、通信与图像工程、生物医学图像处理等信息学科相关专业高年级本科生、研究生和相关工程技术人员阅读。

在国家自然科学基金(No.60572011)、教育部新世纪人才支持计划(NCET-06-0900)和甘肃省自然科学基金(0710RJZA015)的资助下，本书的翻译工作由马义德等的脉冲耦合神经网络研究小组完成，并由马义德主持并统稿，绽琨负责翻译、出版协作等相关工作，具体参加翻译和校对的工作人员有马义德、绽琨、王兆滨、张红娟、林冬梅、苏茂君、余文锐、陈昱莅、赵荣昌、邱秀清、张恩溯、朱望飞、邓海波、薛峰、杨丽珍、宋文强、程飞燕、袁树林、陈锐、刘丽、田乐等。此外，兰州大学化学化工学院陈兴国教授对本书第7.4.3小节相关化学专业知识部分进行了校对，王兆滨博士在整个翻译过程中付出较多。

中译本能够顺利出版，我们要感谢高等教育出版社相关领导给予的帮助，特别是陈红英编辑的大力支持和帮助。Thomas Lindblad 教授一直与我们保持联系，共同探讨脉冲耦合神经网络的研究及翻译中遇到的问题，Jason Kinser 教授为我们提供原书的插图，在此，感谢两位原作者 Thomas Lindblad 教授与 Jason Kinser 教授，在我们翻译过程中给予的真诚帮助和大力支持。

由于神经网络与智能信息处理是正在发展中的热点领域，理论性强、技术更新快，加之译者水平有限，难免有不足和错误之处，真诚恳请广大专家学者批评指正。

译者

2008年1月

于兰州大学电路所

中文版序

当前信息技术飞速发展,数码影像随处可见。相比文字阅读,人们更喜欢通过数码影像来获取信息。最近一项调查显示,因特网上一半以上的资料是影像,并且这种趋势还在逐步上升。尽管图像产生的速度非常惊人,但处理图像的技术却远远滞后。因此,未来图像处理与分析将是非常有潜力的热门研究领域。

图像分析非常复杂,各种应用要求多种算法组成一个独特的综合系统。所以,作为图像分析研究者,需要从不同角度分析和解决问题,需要掌握多种算法才能在具体应用中提高系统性能。

与传统方法相比,源自哺乳动物视觉皮层神经元信息传导模型的脉冲耦合神经网络是一种功能强大的图像处理工具,解决图像处理具体应用问题时,性能出色。由于在图像处理中,脉冲耦合神经网络并不需要与生物神经元内在机理完全吻合。这样便产生了一种新的脑皮层模型——交叉皮层模型,该模型具有计算量小、性能优越的特点。

本书主要介绍脉冲耦合神经网络和交叉皮层模型及其各种应用。显然,其更多应用远非本书所能述及。目前,我们在互联网上可检索到同行用脉冲耦合神经网络和交叉皮层模型解决多种应用研究的实例,同时有更多探索者正积极投入此项研究。本书的部分章节内容与各国同行学者的贡献是分不开的,具体地,第7章内容大部分来源于毛里求斯大学的 Soonil Rughooputh 教授的研究成果;第五章的一部分内容是乔治梅森大学的 Guisong Wang 教授的研究成果。他们将脉冲耦合神经网络和交叉皮层模型用到各种具体研究。对本书内容做出贡献的还有瑞典皇家理工学院的几位本科生和研究生:Jenny Atmer 女士、Nils Zetterlund 先生以及 Ulf Ekblad 博士等。我们通过对脉冲耦合神经网络和交叉皮层模型的深入研究,将其应用于其它新的领域并获得很好成果,因此对脉冲耦合神经网络和交叉皮层模型的研究及探讨将是永无止境的。

本书读者应该具有一定的编程能力,因为脉冲耦合神经网络和交叉皮层模型的思想算法很容易通过计算机语言实现,例如 Matlab、Python(NumPy/SciPy)等。因为这些语言都支持矩阵运算,因此,通过简单编程,很容易实现脉冲耦合神经网络和交叉皮层模型的模拟仿真,并能很快将其应用在具体图像处理环境。

最后特别强调,令本书两位作者最高兴的事是本书已翻译成中文。在翻译过程中,我们一直与远在中国的译者同行通过电子邮件联系,讨论脉冲耦合神经网络、交叉皮层模型和本书相关研究内容。我们由衷地感谢他们的努力,使本书能在全世界范围内得到传播和交流!

Thomas Lindblad,Jason Kinser
2007 年 12 月
于斯德哥尔摩和马纳萨斯

第 2 版前言

第一版前言里提到,近几十年来数字图像处理已经成为一个非常热门的领域。一如既往,其目标无论在过去还是现在,都是想让计算机来模拟实现人脑很容易就做到的某些图像处理功能。为此,科学家们在探索人脑视觉系统的内在机理,同时研究如何将这些机理应用到图像处理中去。当然,我们也在不懈努力,在过去的五六年间①,我们的研究又获得许多新成果。本书第二版中加入了这些新思想和基于其的研究工作。

目前,第 2 版主要内容包括基于大脑视觉皮层的两种生物模型的理论和应用,基于视觉皮层神经网络的生物模型——脉冲耦合神经网络(Pulse Coupled Neural Network,PCNN)和交叉皮层模型(Intersecting Cortical Model – ICM),以及用 PCNN 和 ICM 开发的非常有意义的新算法。第 2 版在第 1 版的基础上,只新增加了一些最新研究成果。

特别要说明的是,在第 7 章中的个别应用是我们的同事提出的。为此,我们要特别感谢 Mauritius Guisong 大学的自然科学系主任 Soonil D. D. V. Rughooputh 和工程系主任 Harry C. S. Rughooputh。

我们还要感谢 Mauritius Guisong 大学计算机科学学院的博士生 Guisong Wang 为本书第 5 章所作的重要贡献。

我们还要感谢 KTH 大学一些博士生和毕业生,特别是 Jenny AtmerNils、Zetterlund 和 Ulf Ekblad。

Thomas Lindblad,Jason M. Kinser
2005 年 4 月
于斯德哥尔摩和马纳萨斯

---

① 译者注:从 1998 年第 1 版书到 2005 年第 2 版书出版。

第 1 版前言

近几十年来，数字图像处理已经成为一个非常热门的领域。一如既往，其目标无论在过去还是现在，都是想让计算机来模拟实现人脑很容易就做到的某些图像处理功能。这个目标远远还没有达到。因此，我们必须学习更多关于人类视觉机制的知识以及如何将其应用于图像处理中。一般认为，大脑活动是通过数十亿简单的处理单元即神经元来共同完成的。这些神经元通过复杂的突触系统互相连接。

在人工神经网络中，神经元通常是执行相加、求阈值等运算的简单部件。然而，真实的生物神经元是相当复杂的。与人工神经网络相比，它能够做更复杂的计算。生物神经元具有单一的功能。大脑中的神经元类型有数百种，神经元间的信息传递是以脉冲形式进行的。

最近，科学家们开始研究一些小型哺乳动物的视觉皮层。该研究导致了一种新算法的产生。该算法是对高复杂度的数字图像进行处理。随着这种生物启发的方法，尤其是神经网络的产生，我们向着上述目标又迈进了一步。

我们将使用脉冲耦合神经网络（PCNN）来表示视觉皮层模型。PCNN 是一种神经网络算法，当其被灰度图像或彩色图像激励时会产生一系列的二值脉冲图像。这个网络与一般意义上的人工神经网络的不同之处在于其不需要训练。

图像处理的目标是最终要根据图像的内容做出判断。使用 PCNN 的脉冲输出通常比使用原图像更容易实现这些判断。因此，PCNN 是一种非常有用的预处理工具。不过，也有人认为其不仅仅是一个预处理工具，实际上，PCNN 亦具有自组织能力，这种能力也可使其具有类似关联存储器的功能。对于一种不需要训练的算法来说，具有这种能力是很不寻常的。

最后，需要注意的是 PCNN 完全可以在硬件上实现。传统神经网络有大量输入和输出。也就是说，一个神经元与许多其它神经元相连。在电子学中，实现每个连接都需要一条"电线"，在此情况下，建立一个大的网络是十分困难的。另一方面，PCNN 仅仅具有局部连接性，且在大多数情况下这些连接是确定的。这一点对电路实现而言是有利的。

PCNN 功能非常强大，我们对它的研究才刚刚开始。本书首先将回顾 PCNN 理论，然后探究其在图像处理中的一些重要应用：分割、边缘提取、纹理提取、目标识别、目标隔离、运动处理、凹点检测、噪声抑制和图像融合等。本书还将介绍 PCNN 处理逻辑竞争问题的能力及其在协同计算中的应用。此外，书中还将介绍 PCNN 的硬件实现。

　　本书面向熟悉图像处理术语或对图像处理有一定基础的读者，但也不要求具有广泛的图像处理知识。此外，从数学角度来看，PCNN 并不复杂，因此并不要求广泛的数学知识。不过，书中将会使用傅里叶图像处理技术，所以具有这方面的知识在理解本书时是很有帮助的。

　　PCNN 与当今所用的许多传统方法从根本上是不同的，很多传统方法都具有相同的数学基础，而 PCNN 却不同。因此，PCNN 是有光明前途且又令人兴奋不已的一个领域。

目录

第1章 理论介绍 (1)
  1.1 概述 (1)
  1.2 传统图像处理技术 (1)
    1.2.1 通用性与差异性 (2)
    1.2.2 内积 (2)
    1.2.3 哺乳动物的视觉系统 (3)
    1.2.4 未来工作如何开展 (4)
  1.3 视觉皮层理论 (4)
    1.3.1 视觉皮层简介 (4)
    1.3.2 Hodgkin-Huxley 模型 (5)
    1.3.3 Fitzhugh-Nagumo 模型 (6)
    1.3.4 Eckhorn 模型 (7)
    1.3.5 Rybak 模型 (8)
    1.3.6 Parodi 模型 (9)
  1.4 小结 (9)

第2章 数字模型原理 (10)
  2.1 脉冲耦合神经网络 (10)
    2.1.1 脉冲耦合神经网络原始模型 (10)
    2.1.2 时间序列 (14)
    2.1.3 神经元连接 (16)
    2.1.4 快速连接 (18)
    2.1.5 快速平滑 (19)
    2.1.6 模拟时序仿真 (20)
  2.2 交叉皮层模型——一个通用的数字模型 (21)
    2.2.1 最小计算复杂度的必要条件 (21)
    2.2.2 交叉皮层模型 (22)
    2.2.3 干涉 (24)

2.2.4 曲率流模型……………………………………………………(26)
2.2.5 向心自动波……………………………………………………(26)
2.3 小结……………………………………………………………(28)

第3章 图像目标自动识别……………………………………………(30)
3.1 重要的图像特征…………………………………………………(30)
3.2 血液红细胞图像分割……………………………………………(35)
3.3 乳腺X射线图像分割……………………………………………(36)
3.4 航空器图像识别…………………………………………………(37)
3.5 北极光图像分类…………………………………………………(38)
3.6 小数幂指数滤波器………………………………………………(40)
3.7 目标识别与二值相关……………………………………………(41)
3.8 图像分解…………………………………………………………(44)
3.9 反馈式脉冲图像发生器…………………………………………(46)
3.10 目标分离………………………………………………………(48)
3.11 动态目标分离…………………………………………………(51)
3.12 阴影目标………………………………………………………(53)
3.13 考虑含噪图像…………………………………………………(54)
3.14 小结……………………………………………………………(58)

第4章 图像融合………………………………………………………(59)
4.1 多光谱模型………………………………………………………(59)
4.2 脉冲耦合图像融合设计…………………………………………(61)
4.3 一个彩色图像的例子……………………………………………(63)
4.4 小波滤波图像融合实例…………………………………………(64)
4.5 多光谱目标检测…………………………………………………(64)
4.6 小结………………………………………………………………(69)

第5章 图像纹理处理…………………………………………………(70)
5.1 脉冲谱……………………………………………………………(70)
5.2 谱的统计分离……………………………………………………(73)
5.3 利用统计方法的识别……………………………………………(74)
5.4 通过联想记忆的脉冲谱识别……………………………………(75)
5.5 小结………………………………………………………………(78)

第6章 图像签名………………………………………………………(79)

- 6.1 图像签名理论 (79)
  - 6.1.1 PCNN 和图像签名 (80)
  - 6.1.2 颜色与形状 (81)
- 6.2 目标签名 (81)
- 6.3 真实图像的签名 (82)
- 6.4 图像签名数据库 (84)
- 6.5 计算最佳视角 (85)
- 6.6 运动估计 (88)
- 6.7 小结 (90)

第7章 PCNN 的各种应用 (91)

- 7.1 凹点检测 (91)
  - 7.1.1 凹点检测算法 (92)
  - 7.1.2 基于 PCNN 凹点模型的目标识别 (94)
- 7.2 直方图再造 (96)
- 7.3 迷宫问题 (98)
- 7.4 PCNN 在条形码中的应用 (99)
  - 7.4.1 数据序列和图像的条形码生成 (100)
  - 7.4.2 PCNN 计数器 (103)
  - 7.4.3 化学药品索引 (103)
  - 7.4.4 星系识别和分类 (109)
  - 7.4.5 导航系统 (113)
  - 7.4.6 手势识别 (114)
  - 7.4.7 路面检测 (117)
- 7.5 小结 (120)

第8章 PCNN 的硬件实现 (121)

- 8.1 硬件实现原理 (121)
- 8.2 用 CNAPs 处理器实现 (122)
- 8.3 用 VLSI 实现 (124)
- 8.4 用 FPGA 实现 (124)
- 8.5 光学应用 (128)
- 8.6 小结 (129)

参考文献 (130)
索引 (137)

第 1 章 理论介绍

1.1 概述

众所周知,在任何场合,人类很容易识别、分类和鉴别目标物体。例如,让坐在教室里的同学去找日光灯开关,他瞬间就能做到,即使这个开关不在所期望位置或形状与想像的不一样也仍然能行。另外,不需要上千样本的训练过程,人就能识别目标物体。例如,一个人只要见过狗,那他就能认得大多数狗。自然界里,动物也具有某种程度的识别能力。例如,蜘蛛可以轻易地识别苍蝇,即使是幼蜘蛛也能识别。从这个意义上讲,我们正在讨论成千上万的神经细胞或神经元的处理过程,进而说明了在自然界里生物处理此类问题是非常出色的。

相反,计算机却很难完成这类任务,即使计算机有大容量的内存和非常高的处理速度,也无法达到人类的水平,况且这样的通用软件也不存在。到目前为止,计算机只擅长特定类型的某种具体应用,仍然很难实现一般图像处理和识别的任务。

在数字图像处理研究的早期,许多人认为能找到一种专门实现图像识别的方法。可直到目前为止,我们用的最多的傅里叶变换以及相继提出的许多后续处理方法,都没有仿照人类视觉的处理机理,显然,人类用许多近似完美的视觉机制在进行图像处理。很遗憾,时至今日,我们只了解其中很少的一部分。

视觉皮层是大脑从眼睛获取信息的通道,是脑中枢神经的一部分。眼睛首先进行图像的处理和转换,具体地实现从图像到脉冲序列的转换,然后视觉皮层传递这些脉冲序列并将其馈送到大脑。据此,人们已经提出了一种基于小型哺乳动物视觉皮层的通用模型,并已成功应用到图像处理中。

此时,读者可能会非常急切地想问这个模型是如何工作的,如何应用它,相对于目前系统,该模型带来的好处有哪些,能否用现有硬件实现等一系列问题。这些都是许多科学家当前正在研究的热点[1,2],也是本书所关注的中心问题。

1.2 传统图像处理技术

图像处理(image processing)这门学科尽管已经研究了几十年,而且激光的发明打开了光学图像处理的大门,高性能计算机使大尺寸图像处理变成现实,越来越多的科学家正在从事图像处理研究,但现在要达到接近人类图像识别能力,科学家取得的进展却是极其有限的。

对视觉皮层(visual cortex)处理模式的模拟研究是不小的进步。因为它直接模拟大脑的一部分,而我们相信大脑是当前最有效的图像处理系统,还有从数学分析角度来讲,它与许多目前所使用的传统算法有着本质的不同。

1.2.1 通用性与差异性

这里首先回顾一下图像处理中常用的一些专业术语。一般图像处理包括的范围很广,可划分为:图像形态学处理(将一幅图像变换成另一幅图像)、滤波(filtering)(移除或提取图像的某些部分)、识别(recognition)和分类(classification)等。

图像滤波就是从一幅图像中滤出特定的区域。因此,图像滤波可用于提取图像边缘,寻找图像中的特定物体或定位特定目标。但本书只介绍一些特定的图像滤波方法。

目标识别涉及对图像中某一特定目标的识别。一般而言,一个目标就是一个物体,如一条狗,但目标也可以是信号签名,如序列或特定模式。前面识别狗的例子就是目标识别,人一旦见过狗后,他就认得大多数狗了。

而分类和识别稍有不同:分类要求用一个标记来表示输入图像中的某个目标,而往往实际中存在的一种可能是,大多数情况下可以识别存在的目标,但却不能为该目标贴上相应的标记。

另外,还需要注意的是通用性(generalization)和差异性(discrimination)这两种类型的识别和分类。

一般性要求找出各类之间的共性。例如,如果我们见到一个动物,它有四条腿、一条尾巴,身上长着毛,并且体型和品种都与我们见过的狗相似,那么我们就可以认为它就是一条狗。而差异性也就是特殊性,要找出目标之间的不同点。例如,有一条狗可能鼻子较短,尾巴弯曲,与大多数狗很不相似,因此可以将其认定为哈巴狗。

1.2.2 内积

目前,图像处理使用的很多方法,特别是广为流行的基于频域的滤波、神经网络(neural network)和小波(wavelets)等方法的数学基础都是内积运算。例如,在具体实现时,对输入图像而言,只要在傅里叶滤波器覆盖的区域内,傅里叶变换的过程就是一组内积计算。

尽管一个神经网络通常可能由多层神经元组成,但落到实处,神经元的计算都是其权值与数据的内积(当然,再经非线性阈值判决才能输出)。小波变换本身由一组滤波器组成,与傅里叶变换类似,其变换过程仍然离不开内积运算。

内积是一阶运算,其本身所提供的计算能力是有限的。正因为如此,滤波处理和神经网络等这些高阶算法必须使用多组内积运算实现,但同时遇到的困难是内积数和相互关系无法确定。可喜的是,对于二值系统有人已提出这些问题的解决方案[8]。但对于模拟数据,我们只能使用训练算法(其中许多训练算法要求用户预先设定好内积的数目以及它们彼此之间的关系),通过优化以逼近正确结果。甚至这种训练可能会很复杂、冗长、计算量大,且不能保证通过训练就能得到正确结果。

如前所述,一阶运算的内积本身的作用是很有限的。它只能从一组数据中提取一阶信息。例如,常见的异或(XOR)有四种状态(00:0,01:1,10:1,11:0),其输入是二维的,而对应的输出是一维的。异或运算是个二阶问题,显然不能用单个内积来完全映射异或运算。所以,在前向反馈(feedforward)人工神经网络中我们用两层神经元来解决异或问题。

尽管内积的作用本身非常有限,但大多数图像识别系统却离不开它。而且,哺乳动物系统则使用更复杂,也更高效的高阶系统。

1.2.3 哺乳动物的视觉系统

哺乳动物的视觉系统处理图像时要比简单内积运算简洁高效。许多操作还没有进行时,视觉系统已经处理并结合图像内容做出了判断,由此可知,神经科学的研究根本没有搞清楚神经元到底是怎么运作的。下面提到的几种重要操作可使我们对处理的复杂性有所了解。实际上,哺乳动物系统要比常用图像识别算法复杂得多。因此,认为用简单运算能够与生物系统性能相媲美是非常幼稚、可笑的。

当然,图像是从人眼传入大脑的。视网膜上的影像感受野并不对所有输入均匀处理,也不是仅仅对同一种光源敏感。实际上,有些感受器对运动敏感,有些感受器对色彩或亮度敏感。还有,感受器是互联的,一个感受器收到信号时会影响周围其它感受器的行为。换句话说,人眼在离开图像之前,已经对其进行了数学运算。

同时,人眼也接收来自大脑的反馈信息,因为我们并不是盯着整幅图像,而是在图像中寻找我们感兴趣的目标,此时我们的注意力是在图像各部分之间移动。也就是说,反馈信息同样也在改变感受野的输出。

图像信息从感受野传递到视觉皮层并在大脑中进行进一步分析处理。当然,我们在本书中使用的数学模型就是建立在对猫[1]和天竺鼠[12]视觉皮层研究基础上的,尽管这些模型在仿真哺乳动物视觉系统方面已前进了一大步,并且有很多成果已被实现或应用到工程实际问题的解决,但该类模型仍然是生物系统极其复杂系统的简化模拟。为此,时至今日,这仍然是科学家们继续探索和研究的热点领域。

1.2.4 未来工作如何开展

相比人脑图像识别,以上主要介绍了现有算法实现图像识别时的各种缺点。很明显,与复杂的生物识别系统相比,基于计算机实现的这些算法显得太稚嫩了。故而,模拟生物系统进行计算机识别是迫在眉睫的研究任务。

值得强调的是:尽管人们在模拟生物系统时还有很多争议,但模拟视觉皮层的处理模式正逐渐被人们所理解,并已证明非常有效且已很快成了图像识别领域的新工具。

1.3 视觉皮层理论

本书将探究两种视觉皮层模型的原理及其应用:脉冲耦合神经网络(Pulse Coupled Neural Network, PCNN)和交叉皮层模型(Intersecting Cortical Model, ICM)[3,4]。因为,这些模型都是基于视觉皮层的生物模型。所以,以下有必要回顾那些对 PCNN 和 ICM 的发展有过深远影响的一些算法。

1.3.1 视觉皮层简介

尽管对视觉皮层所建模型还不够完善,而且还有很多争议,但是基于皮层机理的一些研究结果很有价值,并已应用于许多领域。因此,本书在简单介绍灵长类动物皮层系统后,将不再专门讨论视觉皮层的工作机理,而将主要研究视觉皮层模型的应用。

尽管大脑皮层视觉区生理机理非常复杂,但生物大脑视觉皮层通常有 P 型神经节细胞和 M 型神经节细胞两种基本视觉通路。视觉皮层的这两种细胞分别感知色彩和形状/运动信息。图 1.1 所示是这两种思路的模型,视网膜上的亮度和色彩感知器首先感知转换光强、色彩等图像信息并进行预处理,然后传递到视觉皮层(在图 1.1 中用 V 标注)。而外侧膝状核(Lateral Geniculate Nucleus, LGN)在图像传递到视觉皮层之前,会把它分解为灰度、对比度、频率成分等。

图 1.1 中用 V1、V2、V3、V4、V5 分别标注视觉皮层的各个区域。具体地:

V1 表示条纹状视觉皮层区域,它对图像很少进行预处理,但包含丰富的图像细节信息。

V2 包括视觉映射,但相比 V1 包含较少的细节信息和更少的预处理量。

V3、V4、V5 视觉皮层区域具有特定功能,分别处理色彩/形状、静止和运动等信息。

在图 1.1 中,虽然只显示了正向信号的传输流程,但实际中信息是在这些区域之间双向传递的。当信号正向传递时,对应神经元处理图像的区域将逐步增大,也即 V3 中的神经元对图像的处理区域要比 V1 中的神经元对图像的处理区域更大。

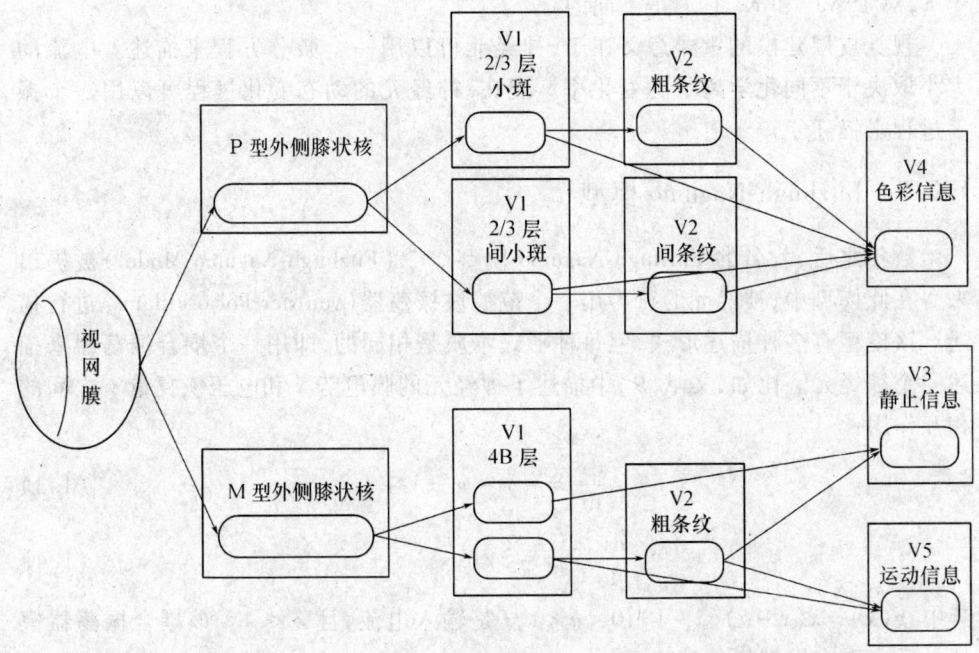

图 1.1 视觉系统模型(图中简写的符号在文章中有解释,图中只给出前向信号)

视觉区域神经元反馈信息的馈送并不限于只提供给输入的区域。这意味着此特性能消除那些具有相同输入但处理能力不同的区域之间的冲突。

就智能信息处理而言,目前,还有许多课题需要我们进一步探索,如视觉皮层是怎样处理信息的,实际信息和反馈信息如何自适应调整等,以便将来研发更好的智能感知器模型,不过,它将不像视觉皮层系统这样复杂,而是仅仅利用其若干基本特性而已。

1.3.2 Hodgkin-Huxley 模型

Hodgkin-Huxley 模型(Hodgkin-Huxley Model)

大约在半个世纪前,Hodgkin 和 Huxley[6]对哺乳动物视觉皮层模型的研究取得了第一个重大进步。他们提出的系统可以用膜电势来描述:

$$I = m^3 h G_{Na}(E - E_{Na}) + n^4 G_K(E - E_K) + G_L(E - E_L) \tag{1.1}$$

其中:I 表示通过膜的离子电流,m 表示通道打开的概率,G 表示电导(Na^+、K^+产生的电导和漏电导),E 表示总电势,带下标的 E 则表示 Na^+、K^+ 和漏电导 L 所产生的电势。通道打开的概率可以由下式来描述:

$$\frac{dm}{dt} = a_m(1 - m) - b_m m \tag{1.2}$$

其中:a_m 表示粒子未通过通道的比例,b_m 表示通过通道的比例。a_m 和 b_m 都依赖

于 E，对于 Na^+ 和 K^+ 它们是不同的。

视觉皮层建模的重要意义在于，神经元可以用一个微分方程来描述。电流的大小取决于不同化学离子的变化率。现在，神经元的动态变化过程可以用一个振荡过程来描述了。

1.3.3 Fitzhugh-Nagumo 模型

数年之后，著名的 Fitzhugh-Nagumo 模型[5,10]（Fitzhugh-Nagumo Model）被提出来。在此模型中，神经元的行为用一个范德坡振荡器（van der Pol oscillator）进行描述。该模型有多种描述形式，但每种形式本质是相同的，即用一个耦合振荡器来描述一个神经元。比如，文献[9]中描述了神经元的膜电势 x 和电压恢复量 y 之间的相互作用：

$$\varepsilon \frac{dx}{dt} = -y - g(x) + I \tag{1.3}$$

$$\frac{dy}{dt} = x - by \tag{1.4}$$

其中：$g(x) = x(x-a)(x-1)$，$0 < a < 1$，I 是输入电流，且 $\varepsilon \ll 1$。该耦合振荡器模型是后来许多模型的基础。

上述方程描述了一个简单的耦合系统，并且对其仿真就能得到该系统的一些不同特性。令 $\varepsilon = 0.3$、$a = 0.3$ 和 $I = 1$，则其振荡特性如图 1.2 所示。改变参数 b 就可以产生不同的结果，如稳态（图 1.3 中 $b = 0.6$）。

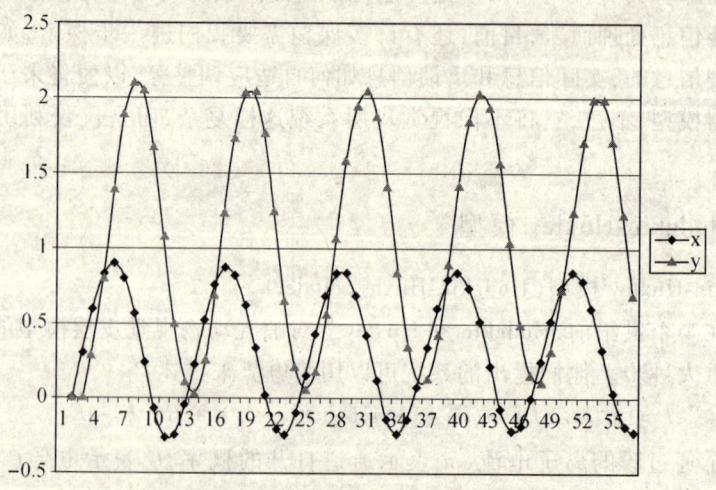

图 1.2 用 Fitzhugh-Nagumo 方程描述的一个振荡系统

Fitzhugh-Nagumo 系统的重要性在于，它描述的这类神经元可以在许多生物模型中再现，并且每个神经元均是由两个与其它神经元相连的耦合振荡器构成。

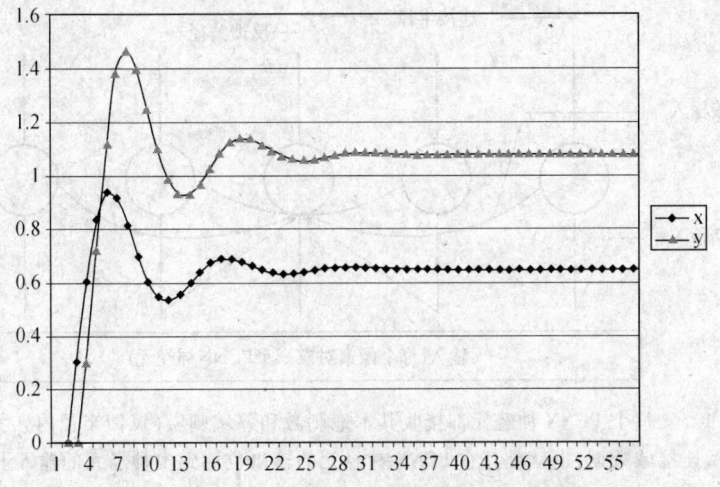

图 1.3　Fitzhugh-Nagumo 方程描述的稳态系统

1.3.4　Eckhorn 模型

Eckhorn[1] 提出了一种猫的视觉皮层模型，图 1.4 是它的示意图，而图 1.5 所示是神经元间通信的示意图。其神经元的输入包含了两部分：反馈部分和连接部分。反馈输入接收外部激励及邻域激励信号，而连接输入则只接收邻域刺激信号。反馈输入和连接输入以二阶方式结合以产生膜电势 U_m，然后 U_m 和局部阈值 Θ 进行比较。

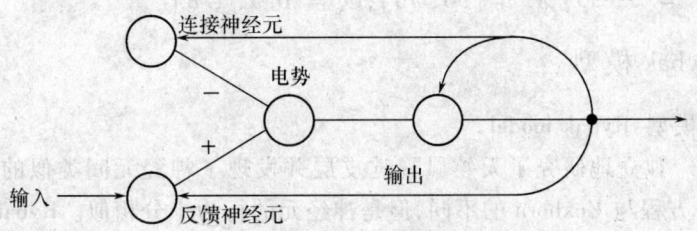

图 1.4　Eckhorn 神经元模型

Eckhorn 模型（Eckhorn model）可用如下方程表示：

$$U_{m,k}(t) = F_k(t)[1 + L_k(t)] \tag{1.5}$$

$$F_k(t) = \sum_{i=1}^{N}[w_{ki}^f Y_i(t) + S_k(t) + N_k(t)] \otimes I(V^a, \tau^a, t) \tag{1.6}$$

$$L_k(t) = \sum_{i=1}^{N}[w_{ki}^l Y_i(t) + N_k(t)] \otimes I(V^l, \tau^l, t) \tag{1.7}$$

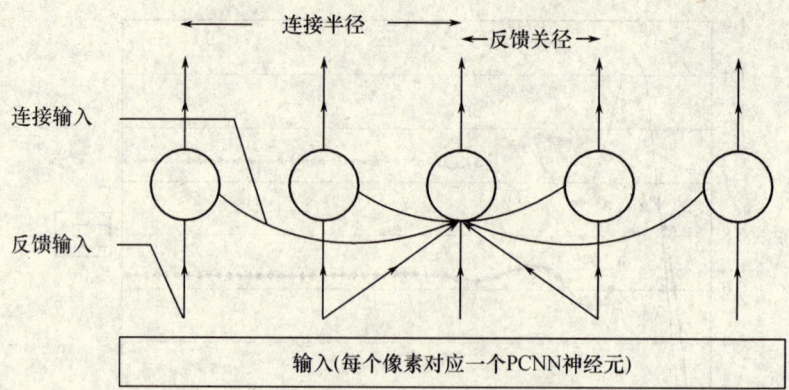

图 1.5 每个 PCNN 神经元都接收其本地刺激和邻域刺激(反馈半径内),另外,连接域数据,也就是其它 PCNN 神经元的输出也加到本神经元的输入上

$$Y_k(t) = \begin{cases} 1 & U_{m,k}(t) \geqslant \Theta_k(t) \\ 0 & \text{其它} \end{cases} \quad (1.8)$$

这里,一般说来

$$X(t) = Z(t) \otimes I(v,\tau,t) \quad (1.9)$$

即

$$X[n] = X[n-1]e^{-1/\tau} + VZ[n] \quad (1.10)$$

其中,N 为神经元的个数,W 为突触加权系数,Y 为二值输出且 S 为外部激励。部分参数的典型取值范围分别为:$\tau^a = [10,15], \tau^l = [0.1,1.0], \tau^s = [5,7]$,$V^a = 0.5, V^l = [5,30], V^s = [50,70], \Theta_o = [0.5,1.8]$。

1.3.5 Rybak 模型

Rybak 模型:Rybak model。

Rybak[12] 独立地研究了天竺鼠视觉皮层并发现了神经元间类似的相互作用。虽然 Rybak 方程与 Eckhorn 的不同,但是神经元的行为十分相似。Rybak 神经元有两部分,X 和 Z。它们与激励 S 有关:

$$X_{ij}^s = F^s \otimes \|S_{ij}\| \quad (1.11)$$

$$X_{ij}^l = F^l \otimes \|Z_{ij}\| \quad (1.12)$$

$$Z_{ij} = f\left\{\sum X_{ij}^s - \left(\frac{1}{\tau p + 1}\right)X_{ij}^l - h\right\} \quad (1.13)$$

其中,F^s 表示中心开/周围关的局部连接,F^l 为局部方向连接,τ 为时间常数且 h 为全局抑制项。视觉皮层中有许多这样的网络,它们工作在不同的分辨率和变化着的 F^l 输入。$f\{\}$ 表示非线性阈值函数。

1.3.6 Parodi 模型

对于视觉皮层,其精确模型现在仍然存在争议。最近,Parodi[11]提出了对 Eckhorn 模型的改进,即 Parodi 模型(Parodi model)。对于 Eckhorn 模型的争议主要集中在神经元激发兴奋缺乏同步性,对于输入的运动和静止目标有不希望的相似输出存在,而且经测量,连接域中的神经调制显著大于 Eckhorn 模型所允许的范围。

Parodi 提出了一种改进模型,其中包括突触连接的延迟项,且要求神经元有时可以同时复位。Parodi 的系统满足下面的方程:

$$\frac{\partial V(x,y,t)}{\partial t} = -\frac{V(x,y,t)}{\tau} + D\nabla^2 V(x,y,t) + h(x,y,t) \quad (1.14)$$

其中:V_i 表示第 i 个神经元的电势,D 为扩散项($D = a^2/CR_c$),R_c 为神经耦合电阻,$t = CR_1$,R_1 为漏电阻,且 $R_c^{-1} < R_1^{-1}$。

$$h_i(t) = \sum_j w_{ij}\delta(t - t_j^S - \tau_{ij}) \quad (1.15)$$

1.4 小结

视觉皮层的生物模型将每个神经元描绘成一个与其它神经元相连接的耦合振荡器。这显然与一般依赖于一阶数学运算的传统数字图像处理方法有显著的不同,为了构建强有力的图像处理工具,必须借助更强大的算法处理模型研究,因此,在后续各章中将介绍视觉皮层模型在各种图像处理任务中的应用与研究。

第 2 章　数字模型原理

本章介绍两种数字模型。首先,介绍多年来已经在图像处理中得到很好应用的脉冲耦合神经网络(PCNN)。另外,与之类似的脑皮层模型还有很多,而 PCNN 仅是从 Eckhorn 提出的模型演化而来。这些模型有着共同的数学基础原理,且各有特色。为了设计出更易于图像处理的模型,每一步不一定都模拟生物系统,鉴于此,设计了交叉脑皮层模型(ICM),它是多种脑皮层模型性质的交叉,也就是说,是多种皮质模型性质的交叉后的产物,故将其命名为交叉皮层模型(ICM)。

2.1　脉冲耦合神经网络

除了在数学上做了很小修正外,PCNN 几乎完全由 Eckhorn 提出的模型演化而来,在处理图像时,其输出具有位移、旋转、尺度和扭曲不变性,这一点在早期的实验中已得到验证。后来的研究进一步认识到 PCNN 的工作机理,进而发现其非常适合应用在图像处理中。

2.1.1　脉冲耦合神经网络原始模型

图 2.1 所示,PCNN 神经元主要有两个功能单元构成:反馈输入域和连接输入

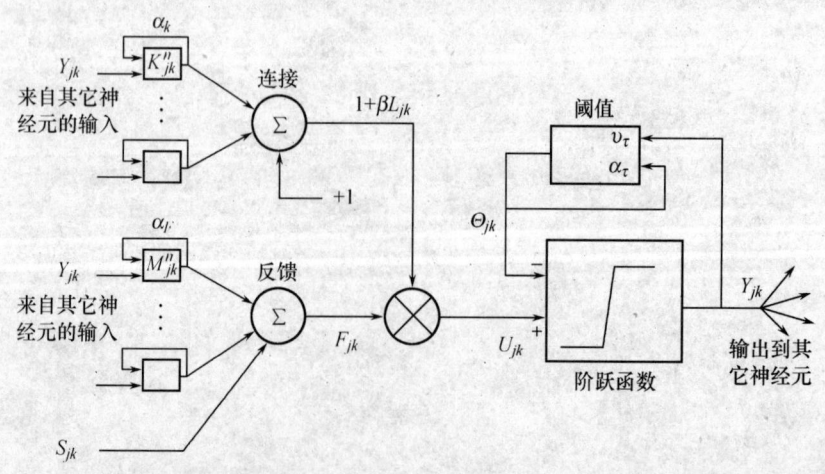

图 2.1　PCNN 神经元示意图

域,分别通过突触连接权 M 和 W 来与其邻近的神经元相连。两功能单元都要进行迭代运算,迭代过程中按指数规律衰减。反馈输入域多加一个外部激励 S。综上分析,两个功能单元的数学描述公式如下所示:

$$F_{ij}[n] = e^{\alpha_F \delta_n} F_{ij}[n-1] + S_{ij} + V_F \sum_{kl} M_{ijkl} Y_{kl}[n-1] \quad (2.1)$$

$$L_{ij}[n] = e^{\alpha_L \delta_n} L_{ij}[n-1] + V_L \sum_{kl} W_{ijkl} Y_{kl}[n-1] \quad (2.2)$$

式中,F_{ij} 是第 (i,j) 个神经元的反馈(feeding),L_{ij} 是耦合连接(linking),Y_{kl} 是 $(n-1)$ 次迭代时神经元的输出。两功能单元都要进行迭代运算,迭代过程按指数规律衰减。V_F 和 V_L 分别为 F_{ij}、L_{ij} 的固有电势。这里 M 和 W 为连接加权系数矩阵,表示中心神经元受周围神经元影响的大小,反映邻近神经元对中心神经元传递信息的强弱。M 和 W 有多种取值选择方式,但选择要合适,一般不宜过大。

神经元内部活动项由这两个功能单元按非线性相乘方式共同组成,β 为突触之间的连接强度系数。下式就是神经元内部活动项的数学表达式:

$$U_{ij}[n] = F_{ij}[n]\{1 + \beta L_{ij}[n]\} \quad (2.3)$$

当神经元内部活动项大于动态门限 Θ 时,产生输出时序脉冲序列 Y,即下式所示:

$$Y_{ij}[n] = \begin{cases} 1 & U_{ij}[n] > \Theta_{ij}[n] \\ 0 & 其它 \end{cases} \quad (2.4)$$

动态门限在迭代过程中衰减,当神经元激发兴奋($U > \Theta$)时,动态门限立刻增大,然后又按指数规律逐渐衰减,直到神经元再次激发兴奋。这个过程可描述为

$$\Theta_{ij}[n] = e^{\alpha_\Theta \delta_n} \Theta_{ij}[n-1] + V_\Theta Y_{ij}[n] \quad (2.5)$$

式中,V_Θ 一般取一个比较大的值,相比 U 的均值还大一个数量级。

PCNN 由这些神经元排列(通常是矩阵)而成。M 和 W 在神经元间传递信息通常是局部的,并符合高斯正态分布,但不必严格要求这样。矩阵 F、L、U、Y 初始化时,设其所有矩阵元素为零。Θ 元素的初始值可以是 0,也可以根据实际需要设为某些更大值。这一点将在本章末尾讨论。任何有激励的神经元都将在第一次循环中激发兴奋,结果将生成一个很大的阈值。接下来需要经过几次循环才能使阈值衰减到足以使神经元再次激发兴奋。后者的情况趋向于围绕这些信息量小的初始循环。

本算法循环计算式(2.1)~(2.5),直到用户决定停止。目前 PCNN 本身还没有自动停止的机制。

考察单个神经元的行为:神经元接收外界激励 S 时,同时也受来自邻近的反馈输入域和耦合连接域的影响。这样使内部活动项逐渐增大,直到大于动态门限时神经元激发兴奋,同时使动态门限突增,而后动态门限开始指数衰减直到内部活动项再次大于动态门限。这个过程使 PCNN 具有脉冲调制的性质。图 2.2 展示了嵌在二维阵列中的单个神经元随时间变化的状态。

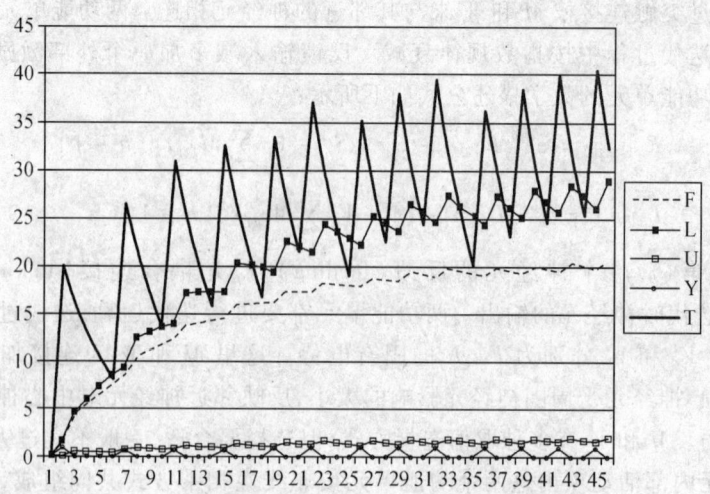

图 2.2　单个神经元状态变化的实例（L、U、T 和 F 的解释见正文）

在这个典型的例子中，F、L 和 U 在各自的幅值范围内变化，而 PCNN 的阈值可以看作是神经元脉冲调制性质的反映。

这些脉冲也捕获邻近神经元的同步发放脉冲。注意式(2.1)和式(2.2)，一个神经元激发兴奋后，该神经元捕获邻近神经元同步发放脉冲。现在讨论以下三个神经元 A、B、C，它们依次按线性排列。这里，只有 A 接收输入激励。在 $n=0$ 时，A 神经元激发兴奋时，通过耦合作用使 B 的内部活动项提升。在 $n=1$ 时，B 通过耦合被 A 捕获，产生脉冲，此时，处在中间的 B 会使 A 和 C 的内部活动项提升。在 $n=2$ 时，A 神经元的动态门限仍相当大，故不足以使神经元再次输出脉冲。同理，B 神经元也被其动态门限抑制。另一方面，C 神经元将因其较低的动态门限而激发兴奋。因此，脉冲波从 A 传播到 C。

这个过程是 PCNN 自动波(autowave)特性的开端。基本上，当一个神经元(或一组神经元)激发兴奋时，自动波就从该组的周边散发出去。自动波被定义为无反射和无折射的正态扩散波。也就是说，当两波相遇它们不会穿越彼此。人们陆续发现了自动波的许多特性，而这又引发了更多的对自动波的研究[13,23]。然而，PCNN 并不一定产生一个纯粹的自动波，对 PCNN 某些参数的改变可以改变波的行为。

下面处理图 2.3，该图像中有两个字符'T'，单个字符'T'的黑色部分所有灰度值是一样的，而这两个字符'T'的灰度值是有差异的。

在 $n=0$ 时字符'T'内部的像素激发兴奋，而这些不会在 $n=1$ 时产生脉冲(黑色框内的部分)。随着迭代的继续，自动波从初始激发兴奋区域向外扩散。在 $n=10$ 时两边的波没有相遇。在 $n=12$ 时灰度值稍大的字符'T'再次激发兴奋。

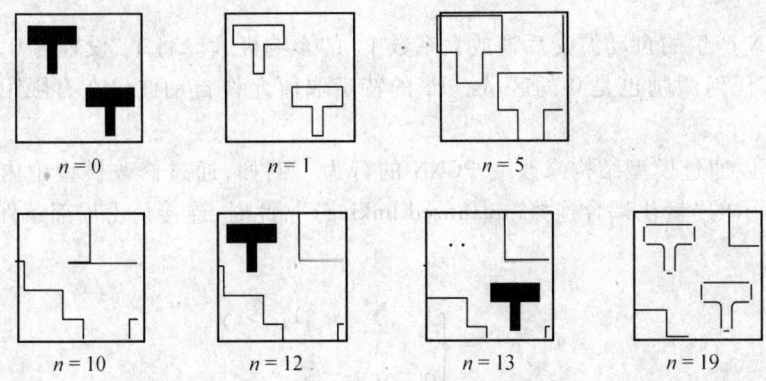

图 2.3 一个典型的 PCNN 例子

该网络还显示了一些同步行为。在前几次迭代中块区域趋向于同时激发兴奋。然而,随着迭代的进行,这些块区域趋向于非同步(de-synchronisation)。通过脉冲捕获(pulse capture)产生脉冲的同步发放。这发生在当一个神经元接近于激发兴奋($U < \Theta$)并且它周围的神经元都激发兴奋了的时候。来自其邻域的输入将为 U 提供额外的输入使得神经元过早激发兴奋。从某种意义上说,两个神经元是由于它们的连接通信而同步的。这是 PCNN 的一个突出特点。

在较复杂的图像中,因为残留信号的作用会产生非同步。随着迭代的进行,神经元开始从其它非邻域神经元那里间接接收信息,发生同步失效。这个失效的过程可以通过比较图 2.3 中的 $n = 1$ 到 $n = 19$ 中的输出看出。注意,在 $n = 19$ 中'T'自动波的拐角没有同步激发兴奋而缺失。这个现象在更复杂的图像中更显而易见。

Gernster[14]认为在这样一个系统中缺少噪声是造成同步破坏的原因。然而,第 3 章的实验明确地表明 PCNN 体系不会出现这种现象。在相似积分激发兴奋模型中,同步现象已经被更彻底地探究[22]。

PCNN 有许多参数,改变参数可调整 PCNN 的运行行为。特别是(全局)连接强度系数 β,具有许多能保证自身性质的有趣特性(特别能影响分割的效果)。除了这个参数外还有反馈输入项与耦合连接项中的两个连接加权系数矩阵,内部活动项等的三个固有电势,最后,还有实现神经元激发兴奋时脉冲调制和动态门限幅度转换的时间常数和阈值偏移量。

连接加权系数矩阵卷积核直接影响着自动波的传播速度。卷积核决定神经元能否捕获更远神经元,影响着自动波在每次迭代循环中传播的距离。

单个神经元的脉冲调制受阈值时间常数 α_Θ 和阈值放大系数 V_Θ 的影响极大。阈值时间常数 α_Θ 影响动态门限的衰减,阈值放大系数 V_Θ 影响神经元产生脉冲后的动态门限增加幅度,使动态门限周期性提升,从而使神经元周期性连续发放脉冲。这样,神经元将在连续循环迭代中每次激发兴奋而周期性地输出脉冲。

PCNN产生的自动波受反馈放大系数 V_F 的影响极大。将 V_F 设置为0,防止自动波进入任何激励也是0的区域。V_F 的特定取值允许自动波仅在有限距离范围内传播。

也可以通过模型结构来改变 PCNN 的行为。例如,通过修改模型中内部连接为下式所示的"量化耦合连接(quantized linking)",此时,连接值由局部条件判定是1或0:

$$L_{ij}[n] = \begin{cases} 1 & \sum_{ij} w_{ijkl} Y_{kl} > \gamma \\ 0 & 其它 \end{cases} \quad (2.6)$$

量化耦合连接项使自动波传播时波状趋于稳定。在前面分析的图2.3中,自动波沿着一条宽通道传播,可看到腐蚀边缘的现象。也就是说,一个波阵面在它的外边界附近往往会变形。而量化耦合连接项后可以保持波阵面的形状。

另外一个改变 PCNN 行为的办法被称为"快速连接(fast linking)"。它使耦合连接域的波传播得比反馈输入域的波快。这主要是反复迭代连接方程和内部活动方程直到系统稳定,这个系统可以有效地保持系统有效同步。有关快速连接的详细描述将在后面做简短的讨论。

最后,需要讨论一下动态门限 Θ 每个元素的初值。如果将它们初始化为0,则任何接收到激励的神经元都将产生脉冲。在一幅现实图像中,通常所有的神经元都会接受到一些激励,于是在初次循环中所有神经元都产生脉冲。而后将经过几个循环后它们才能再次产生脉冲。从图形处理的角度来看,最初的几次循环是不重要的(因为所有神经元在第一次循环中都产生脉冲,然后在接下来的几次循环中都不产生脉冲)。这里还可以将初始阈值设置得高一些。那么开始的几次循环就有可能不产生脉冲,因为阈值需要衰减。然而,带有有用信息的帧将在早期循环中被产生而不是在"Θ 为0的最初时刻"。Parodi[11]建议在少许循环后 Θ 应被重置以防止同步被破坏。

2.1.2 时间序列

Johnson 的早期工作[16]是关于脉冲图像(pulse images)转换成单一信息向量。这个被称作"时间序列(Time Signatures)"的向量 G 由下式计算:

$$G[n] = \sum_{ij} Y_{ij}[n] \quad (2.7)$$

可见这个时间信号对输入图像的变化具有不变性。例如,讨论图2.4所示的两幅嵌有字符"T"和字符"+"的图像。每幅图都经 PCNN 处理,分别产生一个时间信号 G_T 和 G_+。见图2.5。

Johnson 指出,时间序列信号表现出周期行为,在每个周期中每个神经元都激发兴

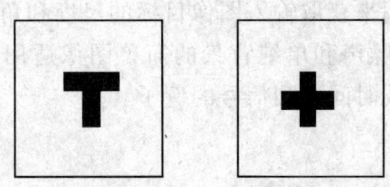

图 2.4 "T"和"+"图像

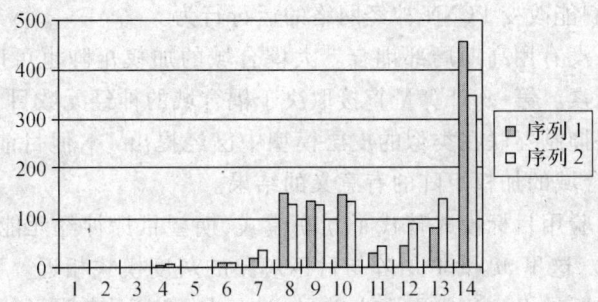

图 2.5 任意单元的 G_T(序列 1)和 G_+(序列 2)图(纵轴)(横轴为帧数，纵轴为 G 值)

奋一次。图 2.5 描述了嵌有字符"T"和嵌有字符"+"的图像在一个周期内的时间信号。对于这些简单图像，周期内的模式是不随时间变化的。图像的内容可以通过检测时间信号的一小段来确定一个稳定周期。并且，这个信号对于输入目标的旋转、尺度平移、扭曲等较大改变具有不变性。图 2.6 显示了一个稍微复杂些的输入图像的几个周期以及峰值如何随着输入图像的尺度、旋转和灰度的变化而变化。还要注意的是，对于输入图像的整个时间序列图来说，其峰值之间的距离是恒定

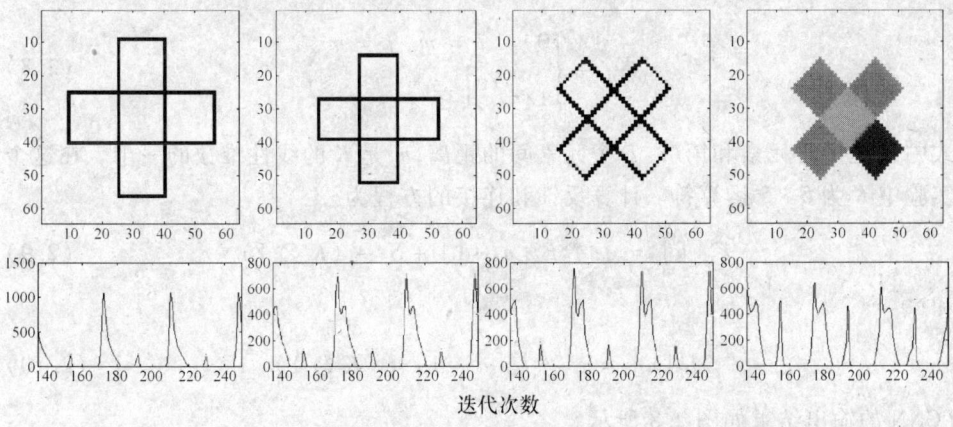

图 2.6 比图 2.5 所示稍微复杂些的十字 G 值图(这里十字经过尺度变换、旋转和灰度填充，以示时间序列发生的变化)

的,此外,峰值灰度也可用来获取输入图像目标的尺度和角度信息。

然而,这仅对这种无噪声和单纯背景的简单图像适用。这里并没有列出从现实图像中提取的类似有效时间序列信号的例子。

2.1.3 神经元连接

PCNN 包含两个加权连接系数矩阵,也就是两个卷积核 M 和 W,而 Eckhorn 原始模型使用了一种高斯型的连接(Gaussian type of interconnections),但当 PCNN 应用于图像时,它们能改变 PCNN 神经网络的运行行为。

本书中几乎没有用高斯局部耦合。大耦合域的加权矩阵也可以用,但这样会产生两个不利因素。第一,计算量直接取决于耦合域的神经元数目。第二,尽管类似模型的大范围抑制互联在类似的皮层模型中已经提出[24],但目前对于 PCNN 研究,还没有大耦合域的加权矩阵的有意义的结果。

接下来的实验用目标模式替代了互联模式,期望目标神经元能更频繁地产生脉冲(激发兴奋),这里 M 和 W 矩阵与目标对象的灰度模式相近。事实上,这个实验系统的输出与原始 PCNN 并无太大差异,进一步研究更表明了这点。正互联有利于图像的平滑,更大大范围的互联甚至会更平滑。神经元的内部活动项很可能随互联的改变而改变。然而,大多这种改变是无效的,因为内部活动项要与阈值比较。由于超过阈值的内部活动项的数目并不重要,所以大范围互联的作用就被减弱了。

而对小耦合域的加权矩阵将会极大地改变 PCNN,举例如下:

我们将图 2.7 作为这些例子的输入,它是两个嵌有字符"T"的图像。

图 2.7 一幅输入图片

第一个例子的卷积核由下式计算:

$$K_{ij} = \begin{cases} 0 & i = m, j = m \\ 1/r & \text{其它} \end{cases} \quad (2.8)$$

式中:r 是中心元素和第 (i,j) 个元素间的距离,m 是 K 的线性维数的一半。在这个实验中 K 为 5×5 运算符。计算反馈和连接的方程为

$$F_{ij}[n] = e^{-\alpha_F \delta_n} F_{ij}[n-1] + S_{ij} + (K \otimes Y)_{ij} \quad (2.9)$$

和

$$L_{ij}[n] = e^{-\alpha_L \delta_n} L_{ij}[n-1] + (K \otimes Y)_{ij} \quad (2.10)$$

PCNN 的输出结果如图 2.8 所示。

首先将所有接收到输入激励的神经元都激发兴奋输出。因而产生自动波,并沿初始激发兴奋神经元向外扩展。因为在任何方向上的核都是从中心向外扩展两

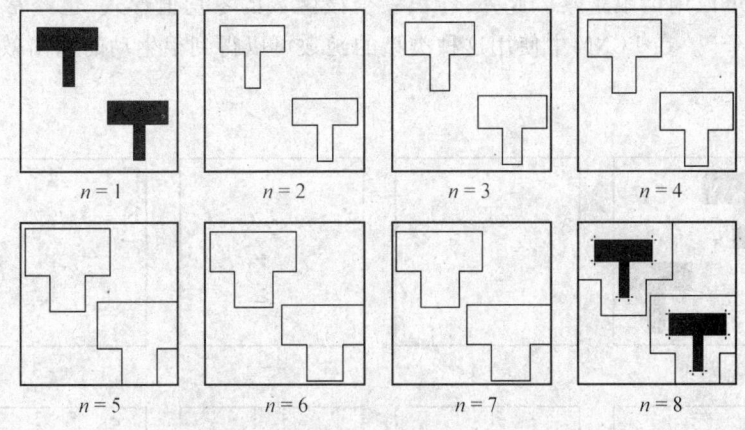

图 2.8 PCNN 输出

个元素,所以这些自动波是两像素宽的,并且由于核的对称性,这些自动波在垂直和水平方向上均以相同的速度扩展。

将 $i=0$ 和 $i=4$ 时的核设置为零,由此定义一个不对称的核。这个核将使自动波的行为稍微不同,结果见图 2.9 所示。

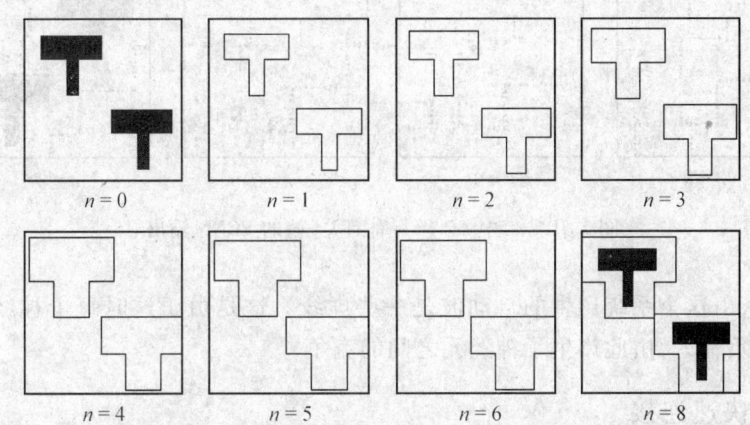

图 2.9 文中所讨论的带非对称核的 PCNN 输出(这些输出应该与图 2.10 比较)

现在垂直方向的自动波以水平方向的自动波波速的一半传播。受激励神经元的第二次激发兴奋也延迟了一帧。这个延迟的产生是由于这些神经元从它们邻域收到的激励较少。增大 K 的值可以消除延迟。

在最后的实验中,通过下式简单地改变原始核:

$$K_{ij} = \begin{cases} K_{ij} & i=m, j=m \\ -K_{ij} & \text{其它} \end{cases} \quad (2.11)$$

这时核的中心是正值,其周围是负值。这是一种"中心开 – 周围关"的配置。这种互联配置可以用肉眼观察。此外,卷积一个该函数的零均值形式,也经常用作"边缘增强算子"。在 PCNN 中使用这种类型的函数可以得到很生动的输出效果,如图 2.10 所示。

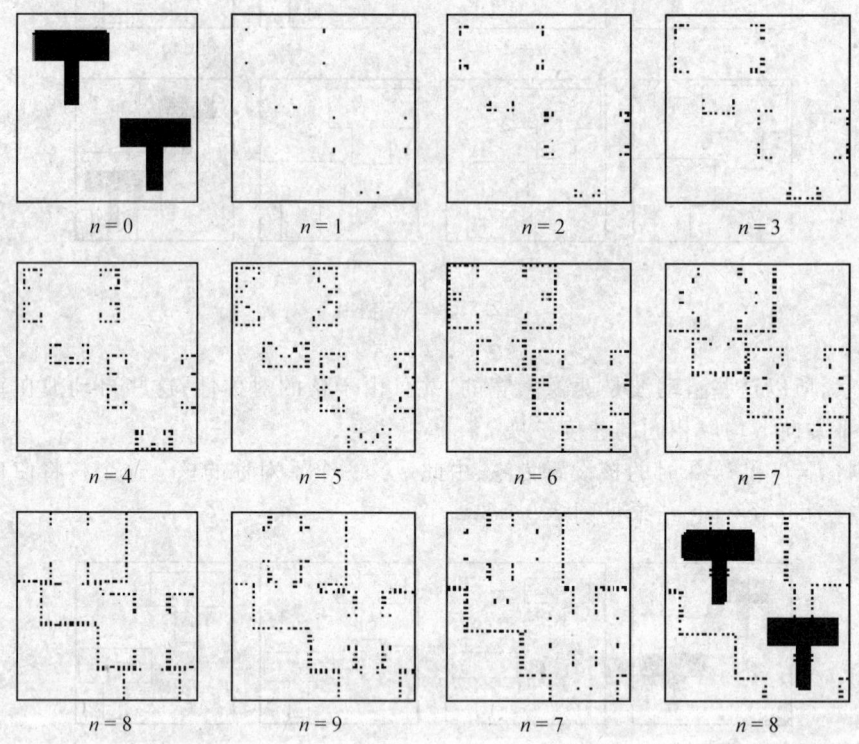

图 2.10 带"中心开 – 周围关"核的 PCNN 输出

这时,由这个系统产生的自动波是一些虚线。这是由于这时每个神经元都同时接收正负输入,由此产生了神经元之间的竞争。

2.1.4 快速连接

PCNN 是模拟处理的数字形式表述,这种对时间的量化确实会产生不好的效果。快速连接最初是用来克服时间量化效果的一些问题,文献[21,17]已经讨论。这种处理允许耦合连接域波传播得比反馈输入域波快得多。基本上,在每个循环里都允许耦合连接域波传遍整幅图像。

快速连接不断循环运行 L、U 和 Y 方程,直到 Y 固定不变为止。这个系统用到的方程如下:

$$F_{ij}[n] = e^{\alpha_F \delta n} F_{ij}[n-1] + S_{ij} + V_F \sum_{kl} M_{ijkl} Y_{kl}[n-1] \quad (2.12)$$

$$L_{ij}[n] = e^{\alpha_L \delta n} L_{ij}[n-1] + V_L \sum_{kl} W_{ijkl} Y_{kl}[n-1] \qquad (2.13)$$

$$U_{ij}[n] = F_{ij}[n]\{1 + \beta L_{ij}[n]\} \qquad (2.14)$$

$$Y_{ij}[n] = \begin{cases} 1 & U_{ij}[n] > \Theta_{ij}[n-1] \\ 0 & \text{其它} \end{cases} \qquad (2.15)$$

重复

$$L_{ij}[n] = V_L \sum_{kl} W_{ijkl} Y_{kl}[n-1] \qquad (2.16)$$

$$U_{ij}[n] = F_{ij}[n]\{1 + \beta L_{ij}[n]\} \qquad (2.17)$$

$$Y_{ij}[n] = \begin{cases} 1 & U_{ij}[n] > \Theta_{ij}[n-1] \\ 0 & \text{其它} \end{cases} \qquad (2.18)$$

直到 Y 不变为止。

$$\Theta_{ij}[n] = e^{\alpha_\Theta \delta n} \Theta_{ij}[n-1] + V_\Theta Y_{ij}[n] \qquad (2.19)$$

这个系统允许自动波在每个循环过程中充分传播。在前一个系统中自动波的传播受卷积核半径的限制。

图 2.11 所示为初始化阈值是随机值的 PCNN 输出结果。可见,快速连接方法是一个极有效的去噪方法,它还防止网络受到分割衰减。后者的效果对仅需分割而言是所期望的,但对纹理分割而言是不利的。

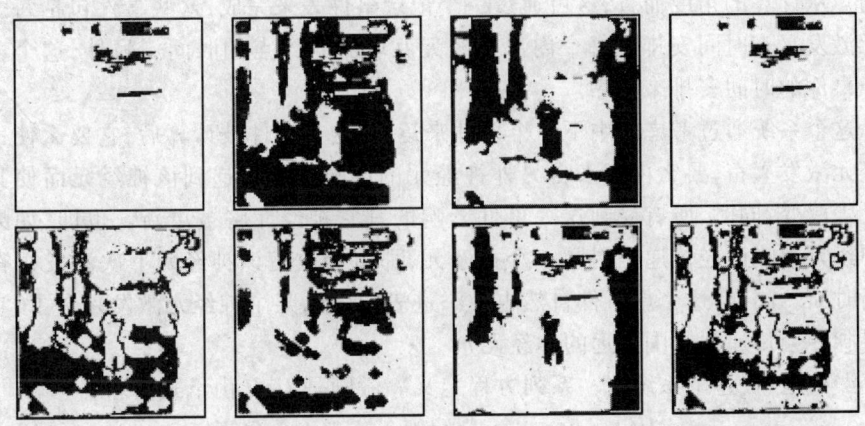

图 2.11 带随机初始阈值的快速连接 PCNN 的输出,黑像素代表已经激发兴奋的神经元

2.1.5 快速平滑

也许计算 PCNN 循环最快的方法是用平滑(smoothing)运算替代 M 和 W。虽然这不能与理论精确匹配,但却节约了大量计算时间。

下面讨论对向量 v 的平滑。强行平滑这个向量的方法是

$$a_j = \frac{1}{2\varepsilon + 1} \sum_{i=j-\varepsilon}^{j+\varepsilon} v_i \qquad (2.20)$$

a 中的每个元素都是对 v 上元素加一个短窗求平均的结果。窗口的长度由常数 ε 决定。在 a 的两端,这个式子不适用。在此处,用于求均值的元素数目改变了,故方程也相应调整。例如,讨论 $j=0$ 时,从 $j-\varepsilon$ 到 0 之间没有元素,因此用于求和的元素数目较少。

讨论两个不接近 a 的两端的元素,$a_k = (v_{k-\varepsilon} + v_{k-\varepsilon+1} + \cdots + v_{k+\varepsilon-1} + v_{k+\varepsilon})/N$ 和它相邻的 $a_{k+1} = (v_{k-\varepsilon+1} + v_{k-\varepsilon+2} + \cdots + v_{k+\varepsilon} + v_{k+\varepsilon+1})/N$,其中 N 是归一化因数。两者唯一的差别在于 a_{k+1} 没有 $v_{k-\varepsilon}$ 项,而含有 $v_{k+\varepsilon+1}$ 项。显然,

$$a_{k+1} = a_k + \frac{(v_{k+\varepsilon+1} - v_{k-\varepsilon})}{N} \qquad (2.21)$$

使用这个递归式可以极大地减少计算量,ε 越大越有效。因而,在计算 PCNN 结果时使用这个快速平滑函数可以减少计算量。

2.1.6 模拟时序仿真

模拟时序仿真:analogue time simulation。

如前所述,PCNN 实际上是一个模拟时间运行系统的离散时间仿真,这仅仅是因为离散时间的计算易于处理。另一方面,更近似地仿真一个模拟时间系统是可能的。从计算的角度而言,这可通过一个记录事件表来完成,这些事件包括每个神经元激发兴奋时间安排和每个内部神经元互联到达终点的时间。另外,这个表由每个事件的时间安排来排序。

这个系统通过考虑表中下一个事件来运行,这个事件被计算后,它要么使一个神经元激发兴奋,要么由于来自另外神经元的影响已经传递到该神经元而使其状态发生改变,同时,所有受到这一事件影响的其它神经元将被更新。也即,如果某个神经元影响已经传递到周围一个神经元,那将会改变该神经元下次激发兴奋的预期时间。同样,这个新事件自然也会添进表中(如,某个神经元激发兴奋了,它的输出脉冲会传递到周围最远的神经元)。

严格地讲,这个系统由一系列方程定义。激励是 U,U 由下式更新:

$$U(t + dt) = e^{-dt/\tau_U} U(t) + \beta U(t) \otimes K \qquad (2.22)$$

其中,K 定义了内部神经元互联,β 是输入尺度因子。当非线性条件符合时,神经元激发兴奋

$$Y_{ij}(t + dt) = \begin{cases} 1 & (\beta U(t) \otimes K)_{ij} > \Theta_{ij}(t) \\ 0 & \text{其它} \end{cases} \qquad (2.23)$$

并且阈值由下式更新,

$$\Theta(t + dt) = e^{-dt/\tau_\Theta} \Theta(t) + \gamma Y(t) \qquad (2.24)$$

这个效果实际上是对数字系统的改进,但是计算量很大。图 2.12 所示是一个

输入图像及其神经元产生脉冲的过程。为了显示的需要，必须在一段有限的时间里统计这些脉冲，尽管这里放在一起显示，但实际上每帧图像中激发兴奋脉冲的时刻还是有稍微不同的。

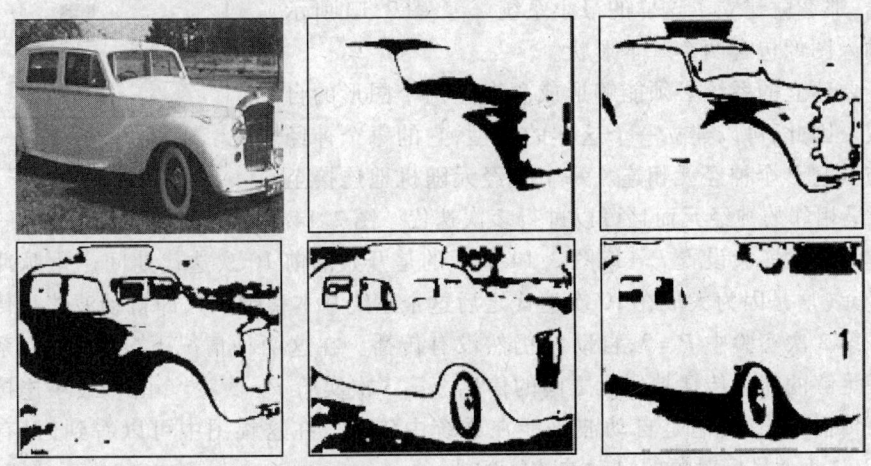

图 2.12　原始图和短时窗的神经元激发兴奋

2.2　交叉皮层模型——一个通用的数字模型

PCNN 数学模型是在单一生物学模型基础上演化而来的。如前所述，有多种生物学模型已较早提出。这些模型与 Fitzhugh-Nagumo 模型在数学形式上相似，且由神经元耦合振荡器组成。因为这里研究的目的是为了构建一个应用于图像处理的模型，所以不必严格按生物系统模型模拟处理。脑皮层模型的主要优势在于能准确提取图像特征信息而不必担心其模型本身与任何一个生物学模型之间的差异。

在图像处理中，ICM 能使计算复杂度尽可能简化，同时保留脑皮层模型的有效性。ICM 模型是基于多种生物学模型的共有机理建立的数学模型。

2.2.1　最小计算复杂度的必要条件

每个神经元必须至少包括两个耦合振荡器与其它神经元的连接器，以及神经脉冲到来时果断做出决定的一个非线性门限（阈值）判决器。为了建立一个运算量最小的系统，必须首先确定哪一个操作造成计算量最高。对 PCNN 模型，几乎所有的计算量都来自神经元互联，为此，一般在运行时通常设置 $M=W$，以使计算量减半。

还有一种降低计算量的方法是制定一套有效的运算法则，其实是一种代替传统高斯型连接的滤波操作，这一部分内容已经在 2.1.5 小节进行了介绍。

另一种方法是减少神经元连接数,若要构造这样的一个最小系统,所需神经元数目最少是多少?这个问题已经有答案了,如果在神经元之间能形成自动波通信,那么就建立了这样的最小系统[18]。图2.13所示的输入图像包含两个基本形状。

要建立的系统必须能够形成源自这两个图形的自动波。因此,可以建立一个这样的模型,它的每个神经元与其它 P 个神经元相连。每个神经元随机地连接至 P 个最相邻的神经元而且可以进行多次迭代。图2.14显示了三种仿真的结果。

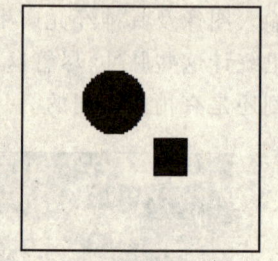

图2.13　一幅输入图像

第1次实验设置 $P=1$,图2.14显示的是开始的前10次迭代期间产生脉冲的神经元(这是因为大概在10次迭代之后这个系统基本稳定了),即自动波停止传播了。第2次实验中 $P=2$,自动波仍然没有传播。在这两种情况下,我们认为系统没有足够的能量传播神经元之间的信息。第3次实验 $P=3$,尽管由于最小连接数目而传播不均衡,但是自动波仍能在系统中传播。在这幅图中可以看到,只有当 $P=3$ 时两个目标对象的自动波才能相遇。

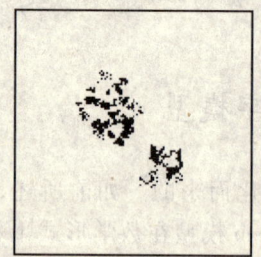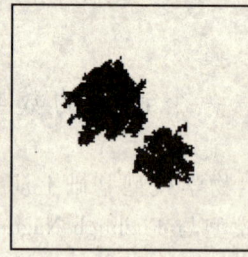

图2.14　当系统 $P=1$、$P=2$ 和 $P=3$ 时最初10次反复中激发兴奋的神经元

结论是:要产生且传播自动波,神经元之间至少需要三个连接。然而,对于图像处理而言应避免有害的自动波传播,因为它将以不恰当的方式区别图像的重要部分而覆盖其它部分。

另一个要求是自动波在传播过程中,其波前呈圆形而不是方形。如果系统中每个神经元只包含4个连接,则自动波将沿垂直和水平方向传播而不沿对角线传播。实心图形的自动波将最终成为方形,这不是我们所希望的。由于输入图像被定义为矩形像素数组,所以要产生圆形的自动波将要求更多的神经元连接。当每个神经元连接至两层最近的神经元时,就可以产生这种圆形自动波的传播。因此,$P=2\sim4$ 时被认为是最小系统。

2.2.2　交叉皮层模型

交叉皮层模型(ICM)。这样的最小系统包含两个耦合振荡器,少量的连接和

一个非线性函数。这个系统可由以下三个方程描述[19]:

$$F_{i,j}[n+1] = fF_{i,j}[n] + S_{i,j} + W\{Y\}_{i,j} \quad (2.25)$$

$$Y_{ij}[n+1] = \begin{cases} 1 & F_{ij}[n+1] > \Theta_{ij}[n] \\ 0 & 其它 \end{cases} \quad (2.26)$$

$$\Theta_{ij}[n+1] = g\Theta_{ij}[n] + hY_{ij}[n+1] \quad (2.27)$$

式中:S是输入矩阵,F是神经元的状态,Y是输出,Θ是动态阈值状态;参数f和g都小于1.0,且为了确保阈值最终能够小于神经元状态而产生脉冲发放,需要$g < f$;h的值很大,当神经元激发兴奋时阈值将突增。神经元之间的连接用函数$W\{\}$描述,目前仍是$1/r$型连接。图2.15是一个典型的例子。

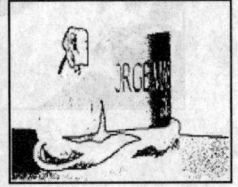

图2.15 一幅输入图像和几幅ICM的脉冲输出

显然,脉冲显示的是输入图像内在区域的分割。这个系统的行为与PCNN很相似,可以用更简单的方程式处理。

相同条件下PCNN和ICM的对比见图2.16和图2.17。当然,两者处理的结果有一些不同,但必须记住我们的目标是建立一个图像处理系统。因此,我们希望从这些系统中提取重要的图像信息。也就是说,我们想使输出脉冲显示输入图像中的区域、边缘、纹理等重要的内在特征信息。

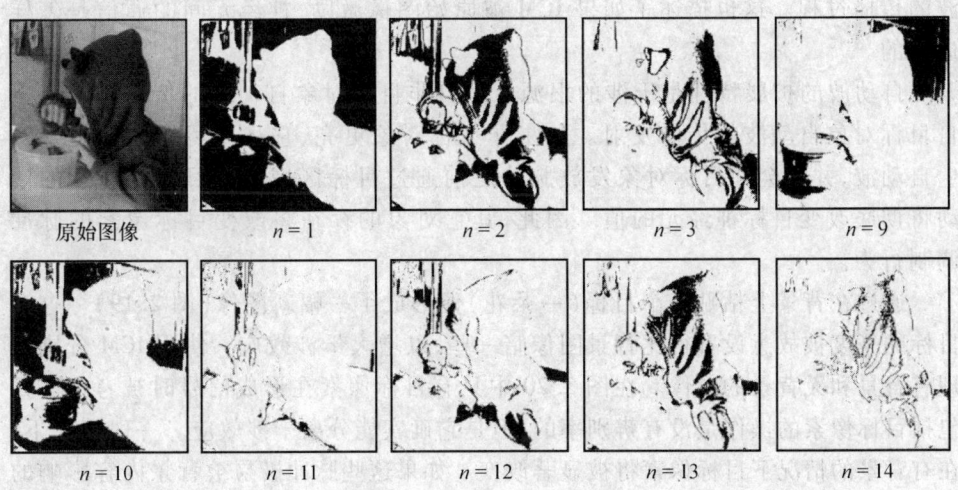

图2.16 一个原始图像和PCNN输出的几个筛选出的脉冲图像

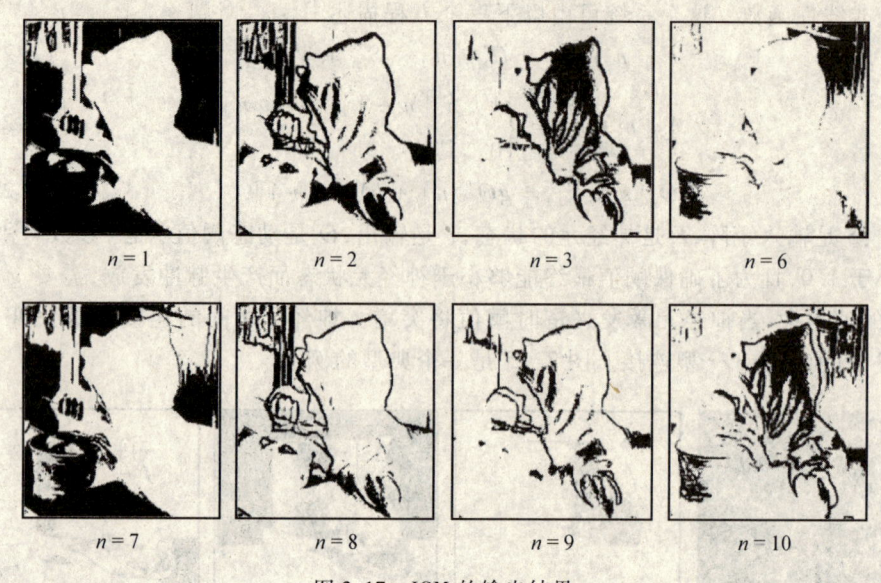

图 2.17 ICM 的输出结果

2.2.3 干涉

ICM 除了比 PCNN 方程数少之外,另一个特点是其连接函数有很大的不同。函数 $W\{\}$ 与 PCNN 的 M 和 W 很类似,且与 $1/r$ 成比例。然而,与 PCNN 一样,该模型仍然存在一个干涉(interference)问题。

干涉问题源于连接函数 $W\{\}$。再一次讨论当 $W\{\} \propto 1/r$ 时神经元间的通信。图 2.18 中的第一幅图是原始图像,其它图像显示的是源自原始图像的自动波的传播过程。这也描述了如果 ICM 被原始图像激励,神经元间的通信是怎样进行的。

自动波的扩展特性是干涉的根源。来自非目标对象自动波的传播将改变来自目标对象自动波的传播发射。如果非目标对象更亮,它将比目标对象更早产生自动波,并且会在目标对象发放脉冲之前通过目标区域。非目标神经元的活动将彻底改变目标神经元的值。因此,其它对象的存在将改变目标像素的脉冲调制行为。

通过在背景上粘贴一个目标(一朵花)便形成了一幅新图像(图 2.19)。这个目标的亮度被故意设置得比背景图像暗一些,以增大干涉效应。使用 ICM 分别处理有背景和无背景的图像。在图 2.20 中只有目标像素在形成信号时被考虑。只包括目标像素的操作是没有辨别率的,但是它确实能分离干涉效应。一般情况下,在有背景的情况下目标像素将被显著改变。如果这些脉冲极易被背景内容影响的话,那么从神经元脉冲信号中识别出对象将相当困难。

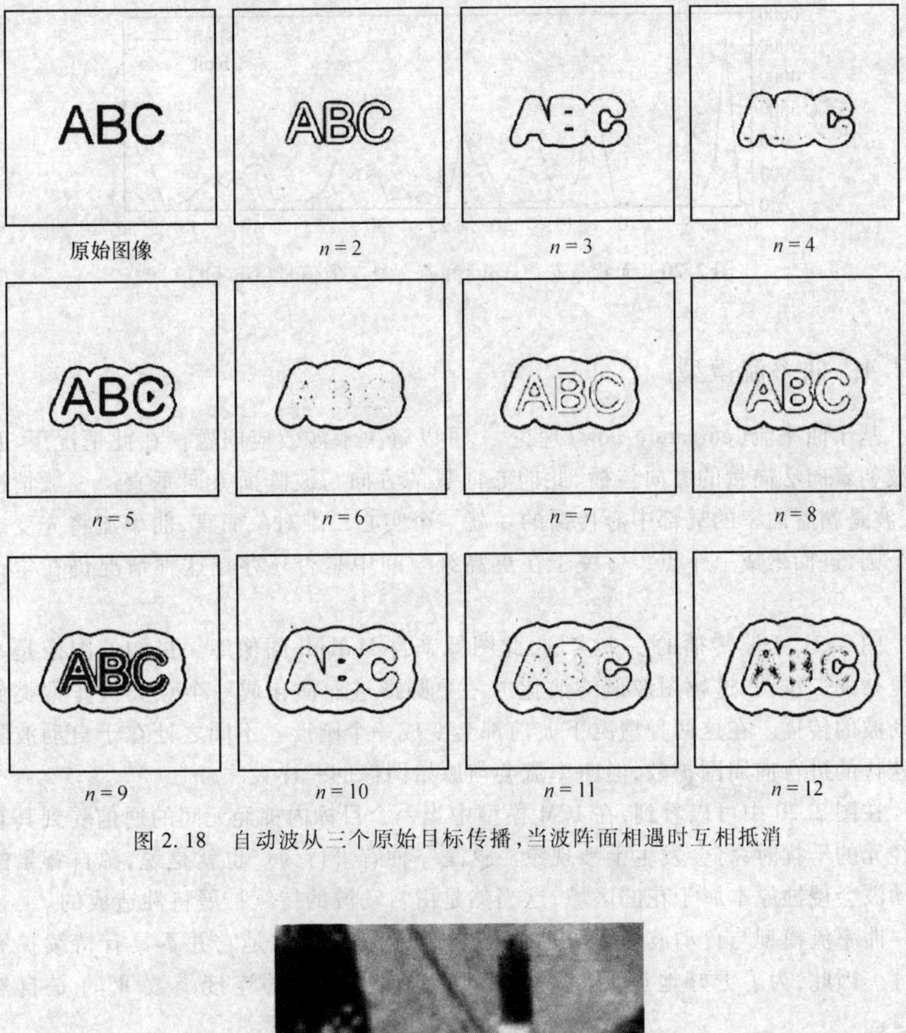

2.2 交叉皮层模型——一个通用的数字模型

原始图像　　$n=2$　　$n=3$　　$n=4$

$n=5$　　$n=6$　　$n=7$　　$n=8$

$n=9$　　$n=10$　　$n=11$　　$n=12$

图 2.18　自动波从三个原始目标传播，当波阵面相遇时互相抵消

图 2.19　一个目标粘在一个背景上

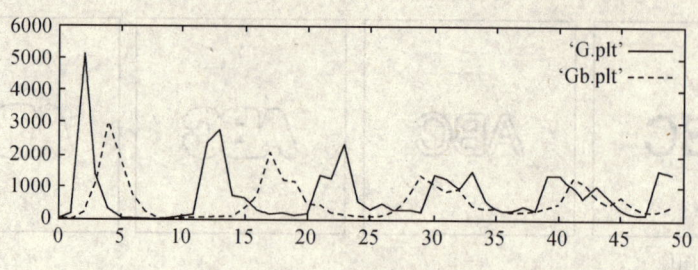

图 2.20 无背景花(G.plt)和有背景花的信号(Gb.plt)

2.2.4 曲率流模型

基于曲率流(curvature flow)理论[20]可以解决干涉效应问题。在此情况下,自动波朝着向心向量的方向传播,此向心向量的方向与波阵面方向垂直。一般情况下,波是朝着曲率的局部中心传播的。就一个实心二维对象而言,曲率流将先变成一个圆,进而聚成一个点[15](关于在更高维空间中是否还存在这种情况仍在争论中)。

图 2.21 是波传播的一个实例,此图像来自 Malladi 图像库。最初的图像是一张复杂的二维图,这幅图像最终演化成一个圆形进而演化成一个点。这非常类似自动波的传播。在这两种情况下波前都会变成一个圆形。不同之处在于自动波随着迭代的进行向周围扩散,但曲率会与原始图像的一样大。

在图 2.20 中可以看到,在 ICM 模型中当一个目标内神经元间的通信受到其它神经元的干扰时,将会发生干涉现象。这是一种有害行为。也就是说,源自背景的自动波会侵蚀原本属于花的区域,这当然是由自动波的持续扩展特性造成的。

曲率流模型与自动波一样可以演化成相同的形状,但是它并不具有持续扩展特性。因此,为了更好地适应曲率流模型,修改神经元的连接函数 $W\{\}$ 是自然的事。

图 2.21 曲率流边界的变化图

2.2.5 向心自动波

向心自动波遵循曲率流机制,当一块区域发放脉冲时其自动波朝着圆形演化,最后收缩成一个点。与传统自动波不同的是该自动波不向外传播,显然其优点是源自两相邻物体的自动波将不会发生干涉。

曲率流边界的传播是向着曲率局部中心的。边界用 C 表示,曲率向量用 κ 表示,则曲率的变化可用下式表示,

$$\frac{\partial C}{\partial t} = \vec{\kappa} \cdot \hat{n} \qquad (2.28)$$

式中 n 是法线向量。在二维空间中所有的形状均变成圆形然后再聚成一点。传播过程如图 2.22 所示,图中曲线先演化成圆形,然后聚为一点。

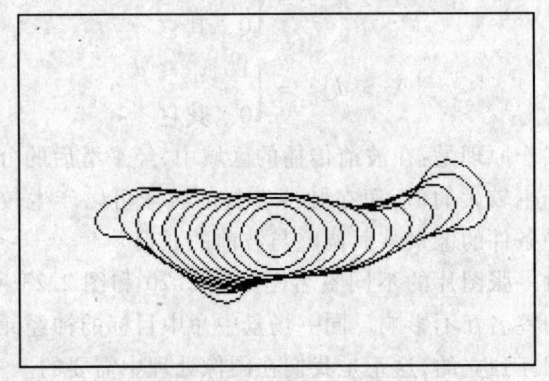

图 2.22 原始图像的自动波传播

自动波的持续扩张特性会产生干涉,而在曲率流模型中没有这一特性。因此,为了适合曲率流模型,修改神经元的连接方式是自然的事。这要求神经元间的连接方式要视周围神经元的活动状态而定。实际上,在创建这样一个连接时,神经元之间的干涉也就被消除了。在这样一个新情况下,位于目标区域内的神经元与位于其它对象区域内的神经元之间的关系是互相独立的,就利用该模型进行图像识别而言,这一点非常重要。

新模型可以使自动波朝着局部曲率的中心传播,向心自动波(centripetal autowaves)的名称因此而得名。要计算这些连接,需重新定义函数 $W\{\}$。

对大图像计算曲率是比较麻烦的事,所以采用一种容易实现的方法。图像中大而复杂的曲线先变成圆形,然后聚成一点。神经元间的通信遵循这种曲率流传播方式。当然,在 ICM 模型里也有其它影响因素,如神经元内部结构对神经元之间的通信有影响。

函数 $W\{A\}$ 用下式进行计算:

$$W\{A\} = A' = [[F_{2,A'}\{M\{A'\}\} + F_{1,A'}\{A'\}] < 0.5] \qquad (2.29)$$

其中:

$$A' = A + [F_{1,A}\{M\{A\}\} > 0.5] \qquad (2.30)$$

$M\{A\}$ 是一个平滑函数,所以 $F_{1,A}\{X\}$ 是一个屏蔽函数,该函数可以滤出 A 中

处于 OFF 状态的像素

$$[F_{1,A}\{X\}]_{ij} = \begin{cases} X_{ij} & A_{ij} = 0 \\ 0 & \text{其它} \end{cases} \quad (2.31)$$

相应地 $F_{2,A}\{X\}$ 是反函数,而

$$[F_{2,A}\{X\}]_{ij} = \begin{cases} X_{ij} & A_{ij} = 1 \\ 0 & \text{其它} \end{cases} \quad (2.32)$$

下面两式中的大于号和小于号是阈值操作:

$$[X > d]_{ij} = \begin{cases} 1 & x_{ij} \geq d \\ 0 & \text{其它} \end{cases} \quad (2.33)$$

$$[X > d]_{ij} = \begin{cases} 1 & x_{ij} \leq d \\ 0 & \text{其它} \end{cases} \quad (2.34)$$

系统的基本工作原理是:在波前传播的区域中,经平滑后的分割块在没有脉冲发放的区域可以产生较大的值,而在脉冲发放的区域可以产生较小的值。非线性函数分离这些合乎条件的像素从而调整与波前的通信。

向心自动波对一张图片的不同签名图如图 2.20 和图 2.23 所示,很容易看到背景与目标对象的签名互不影响。同一场景中命中目标的神经元与位于其它目标对象的神经元是相互独立的,这正是我们在图像处理中需要的。

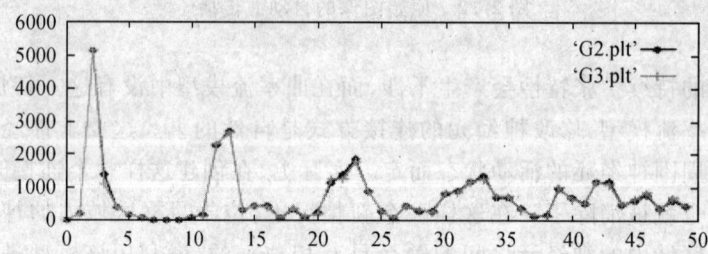

图 2.23　对花朵图片的签名向量与把该图片放到一背景下用向心自动波处理的签名向量

2.3　小结

脑皮质模型的数学描述的提出已经有 50 年的历史了,到目前为止,耦合振荡或传播反射机理的基本假设仍被用在当前的处理模型之中。另外,与单纯地模拟生物系统相比,在图像处理应用中,提高模型本身的运行速度与简化算法要比模型间差异研究更重要。

对于图像处理,这里的 ICM 模型仅由三个方程构成,每个神经元有两个振荡器(神经元电位和神经元阈值)和一个非线性操作。因此,在仿真时,每个神经元能

产生一个脉冲序列,同时,也使那些局部互连的神经元具有同步发放脉冲的能力。一幅输入到 ICM 的图像会被其分割得非常符合其自然属性。因此,在诸多图像处理工作中脑皮层模型可以作为一个强有力的预处理工具。

但是,传统的神经元连接方案允许神经元与其相距较远区域的神经元进行通信,尽管这有生物学背景支撑,但其不利于目标识别(object recognition),理由是一个区域神经元的激发兴奋可能会剧烈地改变另一区域神经元状态,使得图像的目标识别变得异常困难。

解决此问题的方法是改变神经元的连接方式,以使得神经元对前一时刻产生的脉冲敏感起来。在这里提到的模型中,这些连接被描述成向心自动波,波前朝着脉冲发放区域曲率的局部中心传播,于是在没有改变形状描述方式的前提下消除了波持续扩张的特性。

ICM 最简单的应用是图像分割。本章用一些简单的例子证明了脑皮层模型在图像处理中的能力。这不过是一个简单的开始,更深入的研究和应用将会在以后的章节中展开。

第3章 图像目标自动识别

在第2章中我们分别简介了 PCNN 和 ICM 在各种图像处理、图像识别任务中的应用。本章重点阐述 PCNN 和 ICM 在图像识别方面的研究,特别是直接提取相关图像特征信息方法的介绍。

众所周知,图像识别系统通常有许多环节,其中第一步就是提取图像特征信息,毫无疑问,这是识别过程中最重要的一个环节。因为,不论后续判决处理如何强大,如果此处提取信息不充分,那么后续处理的一切都是枉然的;反之,如果提取充分,那么后续决策算法是比较简单的。显然,提取足够信息是图像成功识别的关键。为此,下面章节将举例说明 PCNN 和 ICM 在提取图像关键信息方面的各种应用。

3.1 重要的图像特征

图像特征:image features。

在图像处理中,组成图像的各种特征是非常重要的。当然,特征的选取主要取决于具体应用。例如,一般在图像识别中,图像的边缘、纹理、区域是非常重要的特征。

一种传统的识别图像目标的方法是让图像通过如图 3.1 所示的傅里叶滤波器,要创建一个与输入图像中目标相关的模板滤波器。这样,如果目标被检测出,那么相关信号会出现在输入图像的目标与创建滤波器的目标匹配的相关面上。

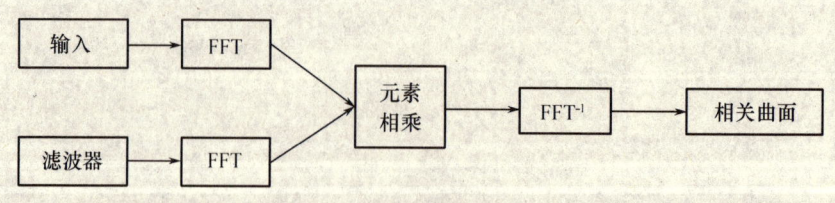

图 3.1 傅里叶滤波器的逻辑图

然而,傅里叶滤波器(fourier filter)也存在一些严重缺陷。首先,当输入图像中的目标与模板中的目标不能准确匹配时,得到的相关信号会非常弱。例如,如果图像中的目标是一架飞机,它有可能以不同的角度和大小显示,并且易受光亮影响(也还可能存在云层遮挡),这时要设计一个能够识别飞机的滤波器将会非常困难。

本节的重点虽然不是专门讨论傅里叶滤波器的优缺点,但是,从中我们也可以看出目前最流行的识别系统仍然在很大程度上依赖于图像的三个要素:边缘、纹理和区域。

在频域空间,图像的低频(lower frequencies)信息主要来源于图像的内部中心平坦区域,而高频(higher frequencies)信息则包含在图像的边缘区域里。当一幅图像含有大量的灰度平坦区域时,它就具有丰富的低频成分。例如对于一幅飞机图像,低频成分主要来源于机身以及机翼的内侧,而飞机的构件及机翼的边缘区域则会产生大量的高频成分。

图像识别系统分两类。第一类系统是一般性的识别某一类目标的系统,鉴别这类目标的滤波器并不是针对图像中特定的目标设计的。例如,要设计一种区分普通飞机与直升飞机两类目标的滤波器,这种滤波器就需要飞机的基本形状,而这些基本形状信息则主要是图像的一些低频信息,它们主要来源于图像中大面积且灰度较为平坦的区域,即图像各个区块。

第二类系统中滤波器是一种能够从其它各种飞行器当中识别出某种特定机型而设计的,这时飞机的基本形状信息对识别将不是很有用,所需要的更重要的信息则隐藏在高频区域中(边缘)。

傅里叶滤波器的工作原理主要是将目标的频率与输入图像的频率成分进行匹配,如果输入图像中存在目标物体,那么输出将会产生一个很强的相关信号。也可以这样来理解傅里叶滤波器的工作原理,首先提取出目标图像,然后将它依次在输入图像的每个位置进行匹配,运用这种方法很容易发现输入图像中的目标是否与指定目标相匹配。傅里叶滤波器主要用来进行纹理、边缘及区域的匹配。

一言以蔽之,图像识别中最常用的方法主要依赖图像的基本元素:纹理、边缘和区域信息。其它如神经网络、形态学、统计学处理方法等图像处理方法也同样是这样的。

虽然上述方法在理论上非常好理解,但在现实中它们的表现却并不尽如人意。例如,我们常常遇到的训练目标与输入目标没有很好匹配时,问题会变得非常严重。如相关峰下降,背景中的噪声增强到不能区分训练目标与输入目标。这些问题对图像识别系统来说将非常麻烦。

而 PCNN 与 ICM 刚好在图像识别中有极大优势。首先,PCNN/ICM 本身有提取图像中基本信息的固有属性。其次,PCNN/ICM 简化了图像识别系统,使其易于在图像识别领域应用。如果想到 PCNN 与 ICM 模型源于哺乳动物视觉神经元目标识别机理研究,那么 PCNN/ICM 的这些优势也就不足为奇了。

正因为 PCNN/ICM 本身有提取图像中基本信息的固有属性,它们不需要经过大量图像训练过程或样本调整过程来提取图像基本信息,而是进行几次不同迭代运算,图像的边缘和区域信息便可以提取出来,甚至仅需几次迭代就可容易地获取区域信息。

利用 PCNN/ICM 对图像进行处理时,图像的区域分割是通过相似状态神经元同步激发特性来实现的,同时随着自动波在这些区域中进行扩散,图像的边缘信息也可以被逐步提取出来。在它们的原始模型中,自动波在遇到图像的纹理区域时会终止同步激发,因此,在不同时刻,图像的各个区域将按照图像的纹理特征被分离开来。

PCNN/ICM 的固有属性,同时也是其最重要的特性,便是其在图像特征提取时的出色表现。当然,传统的图像处理方法提取图像特征时也有类似表现,但它们要么经过训练,要么专门设计。而 PCNN/ICM 处理的结果更佳。以图像边缘提取中应用最广的 Sobel 算子(它是由一个中心像素为正而周围像素都为负的小模板组成的)为例,将其与原始图像进行卷积运算,图像边缘处的像素便保留下来,因此,我们获取了图像边缘信息,但它得到的是双线的,且并不清晰的边缘,而 PCNN/ICM 获取的边缘则是单线的且是非常清晰的。

我们知道,PCNN/ICM 输出的图像一般是二值的,输出图像中各个分割区域具有相同的灰度值,并且边缘像素的灰度值也是相同的。而在原始输入图像中这些边缘像素的灰度值是突变的,当然,若把分割出的区域和边缘显示在傅里叶平面上,则是很容易区分的。显然,利用二值图像对目标进行识别要比通过原始图像进行识别容易得多,这些我们将在 3.7 节讨论。

因此,可以看出 PCNN/ICM 模型是一个非常强大的图像预处理工具,利用它们,我们不仅可以提取出图像的关键信息(如边缘、纹理、区域等),同时也可以得到更有利于进行图像识别的二值图像。

通常,图像分割是图像处理的主要手段之一,其结果将直接影响到目标识别算法以及许多其它方面的图像处理操作。

我们知道,ICM 具有对图像进行分割处理的能力,在下面这个例子中,我们将通过对 ICM 每次输出的脉冲进行加权求和得到完整分割结果,输出按下式计算:

$$P_{i,j} = \sum_n \alpha_n Y_{i,j}[n] \tag{3.1}$$

式中,α_n 是一个与 n 成反比的加权因子。图 3.2 所示是一幅按式(3.1)进行加权得到的分割图像。

上述分割结果只含有少量的灰度级(每次迭代的结果对应一个灰度值),这样分割的图像里含有不同迭代时的分割信息。假如 ICM 不适合于图像分割,那么在分割结果中图像原有的细节信息应该有所丢失,但是,我们从分割结果中很容易看出,一些特别细小的信息,比如左上角部分、织物的褶皱,还有汤勺等细节信息都被清晰而完整地分割出来,这足以说明 ICM 用于图像分割是其固有属性所决定的。

PCNN/ICM 模型不仅可以实现上述分割处理,也可以实现图像边缘信息的提取操作。当然它们并不是最早提取边缘的算法。因为在此以前,已经有多种边缘

 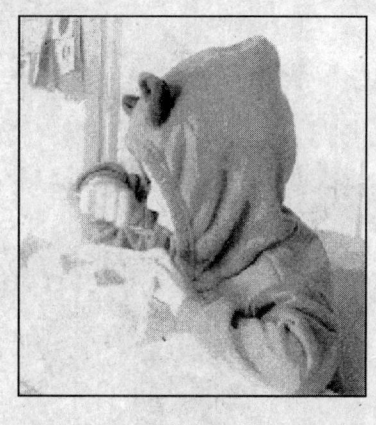

(a)   (b)

图 3.2　原始图像(a)和脉冲加权输出图像(b)

提取算法研究,它们的目的都是对图像边缘信息进行增强,使得边缘部分显得更加清晰和锐利。

  ICM 模型能够实现理想的边缘检测主要是基于其两个显著属性:其一,ICM 脉冲输出结果是二值的,因此得到的边缘信息本来就很清晰;其二,因为 ICM 输出结果是一块块灰度值单一的区域,这就保证了我们可以将真正的图像边缘提取出来。

  图 3.3 是一张小孩溜冰时拍的照片,图中可以看到非常清晰易辨别的边缘和一些细小的纹理和边缘信息,比如外套的里面。同时也包含了一些夹在两部分具有相似灰度特性的区域间的边缘像素(手套和外套的袖子之间的边缘像素)。

  一种比较简单的边缘提取算法是将所有在水平方向和垂直方向具有灰度差异的像素提取出来:

$$a_{i,j} = \sqrt{\Delta_{x;i,j}^2 + \Delta_{y;i,j}^2} \tag{3.2}$$

式中 $\Delta_{x;i,j}$ 代表灰度值在水平方向的变化,表达式为

$$\begin{aligned}\Delta_{x;i,j} &= \frac{(M_{i,j} - M_{i,j-1}) + (M_{i,j} - M_{i,j+1})}{2} \\ &= \frac{2M_{i,j} - M_{i,j-1} - M_{i,j+1}}{2}\end{aligned} \tag{3.3}$$

式中 M 为像素灰度值。同理,$\Delta_{y;i,j}$ 表达式为

$$\Delta_{y;i,j} = \frac{2M_{i,j} - M_{i-1,j} - M_{i+1,j}}{2} \tag{3.4}$$

  对图 3.3 所示图像按照上述方法进行边缘增强后得到的结果如图 3.4 所示。为了讨论图像边缘检测效果,我们对其进行了反相处理,用"暗"的深度来表示检测出边缘的强弱程度。如图 3.4 所示,虽然图中溜冰者外衣上的褶皱部分的细小边缘也能够被检测出来,但是显得非常模糊。

图 3.3　小孩溜冰图像　　　　　　图 3.4　图 3.3 的边缘增强检测结果

基于 ICM 模型的边缘提取(edge extraction)需要从脉冲输出结果中提取边缘信息,并且 ICM 模型对图像边缘的检测能力(输出的边缘的灰度值)与它的迭代次数 n 是成反比的:

$$b_{i,j} = \sum_{n=0}^{M} \beta_n Y_{i,j}[n] \tag{3.5}$$

式中 β 为比例系数,M 是设定的迭代次数。图 3.5 显示的是 $M=2$ 时的边缘检测结果。这些边缘与图 3.4 中检测到的边缘很相似,并且通过调节 M 值可以得到更多感兴趣的结果。随着 ICM 在不同时刻的激发兴奋,图像将会被进一步分割,因此在较早迭代过程中神经元激发兴奋的区域将有可能在后面的迭代过程中被分离开,从而产生出更多边缘。图 3.6 显示的是 $M=6$ 时输出的处理结果。

图 3.5　$M=2$ 时的边缘检测结果　　　　图 3.6　$M=6$ 时的边缘检测结果

ICM 在不同时刻的非同步激发兴奋特性能够有效地分离出图像纹理丰富的区域(外衣),由此可知,M 值的大小决定了 ICM 对不同灰度值边缘检测的能力。

3.2 血液红细胞图像分割

图像分割:image segmentation。

图 3.7 所示是一个被白细胞包围的血液红细胞(red blood cell)图像,这个红细胞的细胞核灰度较暗,而它的细胞质灰度则淡一些且呈现云彩状。

以这幅图像作为原始图像输入到 PCNN 模型中,可以得到不同迭代次数下的二值图像,其中一些输出图像只有少量像素被激发。图 3.8 中显示了不同迭代次数下的输出二值图像。

当 $n=1$ 时,PCNN 很清晰地分割出了红细胞的细胞核。$n=13$ 时,背景被分割出来;$n=14$ 时,分割结

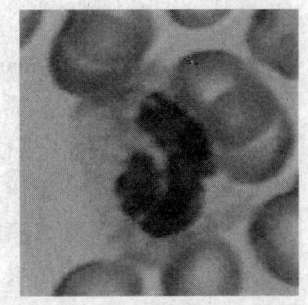

图 3.7 红细胞图像

果中我们看到的是白细胞的边缘和红细胞的细胞质,这是一个非常有意思的输出结果。因为在原始图像中,背景和细胞质之间的边界很难区分,用常规方法提取这个边界困难极大。但是,利用 PCNN,我们得到了这个边界。当 $n=15$ 和 $n=16$ 时,细胞核的边缘和白细胞被分割出来。$n=17\sim19$ 时分割出来了细胞核的三种不同的结果。但是总体上说,$n=1$ 时的输出图像可以被认为是分割出的细胞核。

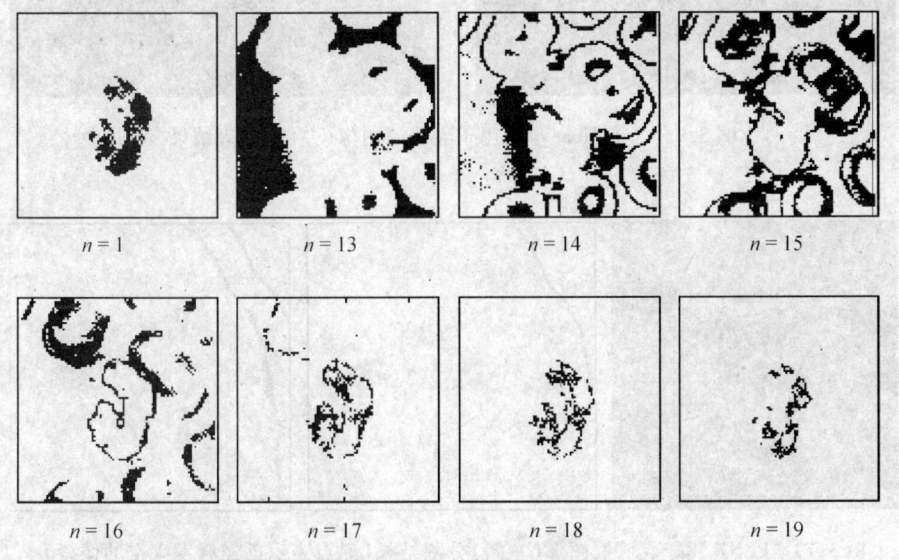

图 3.8 PCNN 脉冲输出,黑色点表示的为激发兴奋像素

从这个例子中我们很容易得知 PCNN 具有提取图像基本特征的能力。这些提取出的特征主要表现在输出的二值图像中,并且通过二值图像要比试图通过原始图像直接来识别物体容易得多。从这个意义上讲,PCNN 在图像识别系统中是一个强大的预处理器。

3.3　乳腺 X 射线图像分割

乳腺 X 射线图像:mammography。

乳腺癌已成了全世界导致女性死亡的主要病因之一,因此乳腺癌的早期诊断非常重要。诊断时,医生通常通过检查皮肤增生、恶性组织和微小的硬块来发现乳腺癌。由于后者与正常腺体组织非常类似,对其检测非常困难。目前小波变换[25]和 PCNN 已经用于乳腺癌图像自动处理过程[30],图 3.9 和图 3.10 分别显示了利用小波和 PCNN 处理的结果,处理结果显示 PCNN 非常适合于对这些特殊的病源区域进行分割。

图 3.9　二维 Haar 小波用于乳腺癌图像(左图)处理结果

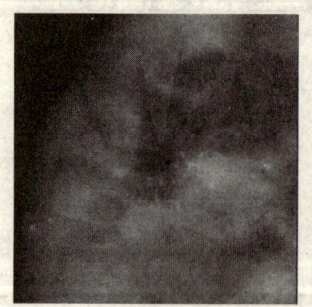
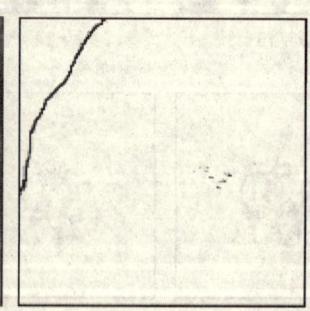
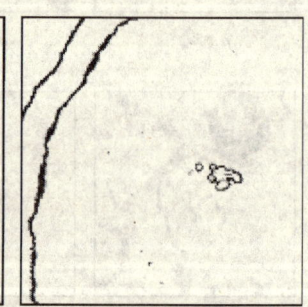

图 3.10　PCNN 用于乳腺癌图像(左图)分割结果(黑点表示已经激发兴奋的像素)

3.4 航空器图像识别

航空器识别:aircraft recognition。

图 3.11 左上角显示的是一幅航空器的灰度图像,后面的图像是经过 PCNN 处理过的输出图像序列。可以看出,通过 PCNN 处理后,我们可以得到近乎完美的边缘检测结果,并且也完全可以根据这些处理结果识别出航空器目标,如第三幅图像,被损坏的机翼在处理结果中也是清晰可见的。

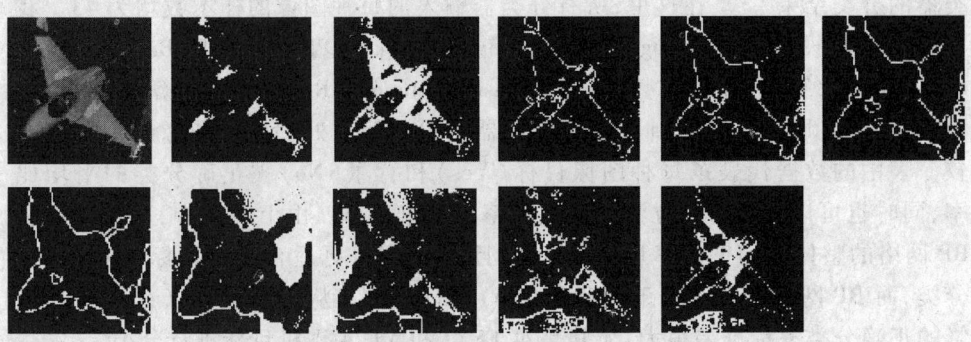

图 3.11 SAAB JAS 39 战斗机"鹰狮"(Gripen)图像以及经过 PCNN 处理得到的最初输出的图像序列

当然,与错综复杂的山脉图像相比上面的例子并不是很复杂。如图 3.12 所示,要从原始山脉图像中识别出飞机,相对来说则是非常困难的。这就需要经 PCNN 处理后,再经过相关滤波器后续处理,这将在 3.6 节中讨论。

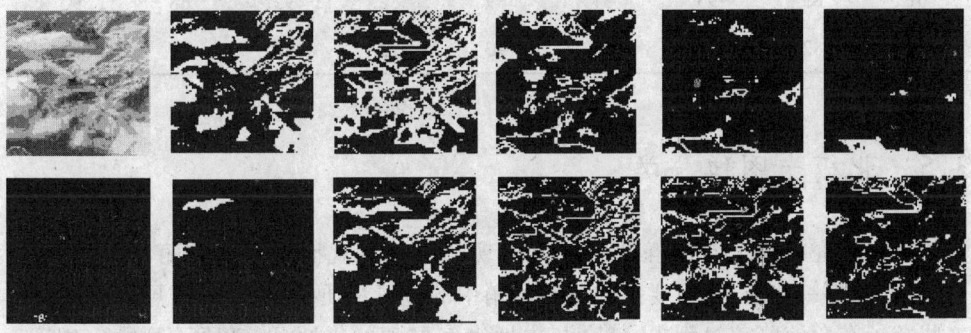

图 3.12 左上角是一架飞行于瑞士阿尔卑斯山脉(Swiss Alps)上方的飞机
(从原始图像以及经过 PCNN 处理后的二值图像中很难看到这架飞机)

PCNN 作为混合神经网络[34]处理的第一步已经被用于多种自动目标识别(Automatic Target Recognition,ATR)系统。它输出的时间序列就能唯一标识下面提到的四类飞机各自的特征。

在这个实验中我们采用四种类型的飞机 F5XJ、MIG-29、YF24 和 Learjet 喷气式飞机作为测试图像,它们都是分辨率为 256×256,灰度等级为 8bit 的图像。神经网络分类器的训练数据是从每种飞机的模拟飞行运动图像中获取的,这些运动图像之间在大小和三维朝向上都有很大差别。当然,并不是所有角度和大小的图像都被用来当作训练数据,这样做也主要是为了考验这个系统的通用性。原始灰度图像经 PCNN 处理后,只有那些有像素激发并且在第一个激发兴奋周期里的图像才能被输入到后面的神经网络分类器中。表 3.1 显示了几种常用分类器的分类结果[34]。在这里,所有分类器输入的每种图像的样本数均为 43。我们选用逻辑投影网络(Logicon Projection Network,LPN)[35]、BP(Back Propagation,BP)网络、径向基函数(Radial Basis Function,RBF)和 MD 算法(Moody-Darken algorithm)[32]四种神经网络分类器对 PCNN 预处理后的图像进行分类比较。表中的数据代表了每种图像目标(Yes)和背景(No)被正确分类的平均比率,同时也可以看出每种方法分类正确率的标准差 σ。由上表可知,LPN 网络和 BP 网络的整体平均正确率几乎相等,并且 LPN 网络更适合于对目标(Yes)进行分类,而 BP 网络则更适合于对背景(No)进行分类。从上表也可以看出,MD 网络的正确分类率标准差很大,尤其是对 F5XJ 和 YF24 飞机目标进行分类。

表 3.1 分类的正确率(%)

Net	F5XJ		MIG-29		YF24		Learjet	
	Yes	No	Yes	No	Yes	No	Yes	No
LPN	95	86	90	85	86	87	92	87
BP	85	93	81	89	82	92	88	93
MD	82	78	83	90	72	90	90	88

3.5 北极光图像分类

极光是在极地上空的椭圆区域里出现的一种壮观而绚丽的美丽景象。在这里,地磁场将一些粒子,主要是磁层和磁鞘中的电子和质子,引向电离层高度区域。这些粒子在急速降落过程中,就会与中性大气层中的氧原子、氮原子等发生碰撞,从而失去能量。在大约 75~300 km 高度地方,一些大气物质将会被激发从而获得很高能量,这就是极光形成的原因。在磁暴当中产生的极光,是非常壮观的,它能够产生令人印象深刻的美丽现象。但是,这些极光通常是不同形状的、无规则的,这使得我们很难设计一种对它们进行识别和分类的系统。

一些极光实验设备包括全天候的照相机等已经安装在一些自动观测站里,像瑞典的 ALIS 站和位于阿拉斯加 Eagle 镇的部分观测站。由于观测的图像数目比较庞大,因此对极光进行自动分类也是非常重要的。一般这种分类有好几种方式,例如,根据极光发生的地点或者根据在一个物理模型中的表现形式,等等。当然也可以通过图像预处理,根据这些图像的旋转、大小和变换特性来判断。而这种情况下 PCNN 的表现是非常良好的,如图 3.13 所示。利用 PCNN 作为预处理器,通过一定的训练后可以对不同类型的极光进行正确识别[36,37]。

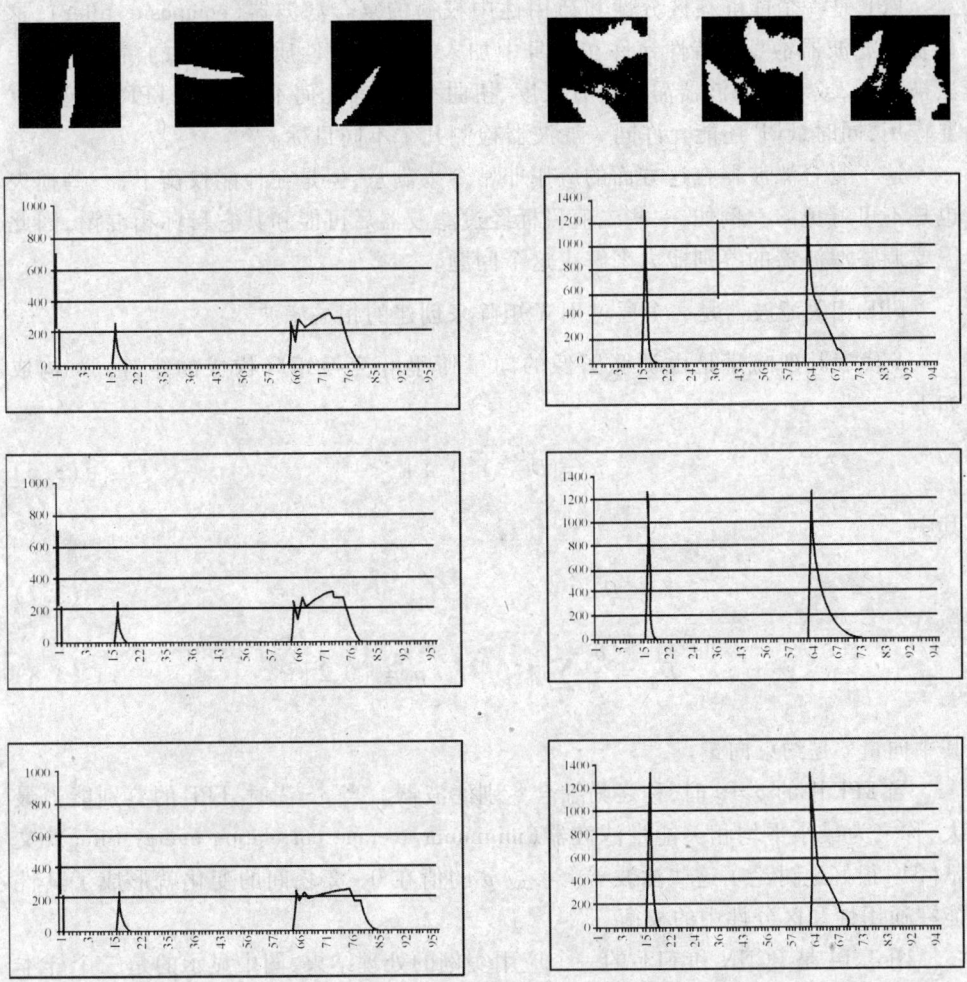

图 3.13 利用 PCNN 对北极光(Aurora Borealis)图像进行处理后得到的时间序列信号
(左图是一个单弧的极光,右图是一个双弧的极光,通过旋转之后它们各自的
时间序列仍然保持不变)

3.6 小数幂指数滤波器

本节随后的很多例子将使用 PCNN 或 ICM 进行特征提取,然后经相关滤波器进行决策。这里相关滤波器就是指小数幂指数滤波器(Fractional Power Filter, FPF)[26]。

FPF 是一个能够在区分性和通用性中权衡的复合滤波器(composite filter),这种复合滤波器本身的特性允许在自身中加入不变性的性质,当目标的精确描述无法被预测,或者是滤波器需要具有尺度、扭曲、亮度等几何不变性时,FPF 将起到重要作用,同时,FPF 还能允许同一滤波器检测几个不同目标。

这个复合滤波器在这方面的应用非常令人满意,但是在性能权衡下,一些损失也是不可避免的。例如,一些二值目标经过滤波器后可能和其它目标相混淆,因此需要调整滤波器的鉴别能力来解决这个问题。

FPF 相关滤波器是一个通过用 $\hat{X}$ 矩阵来创建的相关滤波器:

$\hat{X}$ 代表其列向量是由训练图像的向量傅里叶变换矩阵构成的矩阵。$\hat{h}$ 构成如下:

$$\hat{h} = D^{-1/2}\hat{Y}[\hat{Y}^T\hat{Y}]^{-1}c \tag{3.6}$$

其中

$$\hat{Y} = D^{-1/2}\hat{X} \tag{3.7}$$

$$D_{ij} = \frac{\delta_{ij}}{N}\sum_k |\hat{v}_{k,i}|^p, \quad p = [0,2] \tag{3.8}$$

其中向量 c 是约束向量。

当 FPF 中的 $p=0$ 时,称之为综合鉴别滤波器。当 $p=2$ 时,FPF 的鉴别能力最大,称之为最小平均相关能量滤波器(minimum average correlation energy filter),文献[31]很好地讨论了这些滤波器。参数 p 的值在 0~2 之间的变化就形成了其性能在通用性和区分性中的权衡。

图 3.14 是 PCNN 和 FPF 的一个应用实例的处理结果,图中显示的是三个样本图像和它们经过 FPF 相关滤波处理的切面图,其中第一行显示的是"特制样本"与其对应的 FPF 的输出结果,显然,相关峰比较尖锐,说明具有非常强的相关性。特别是处理不同样本的图像时,相对比较"模糊"的样本图像(第二行和第三行)仍然也产生了较强的相关性。

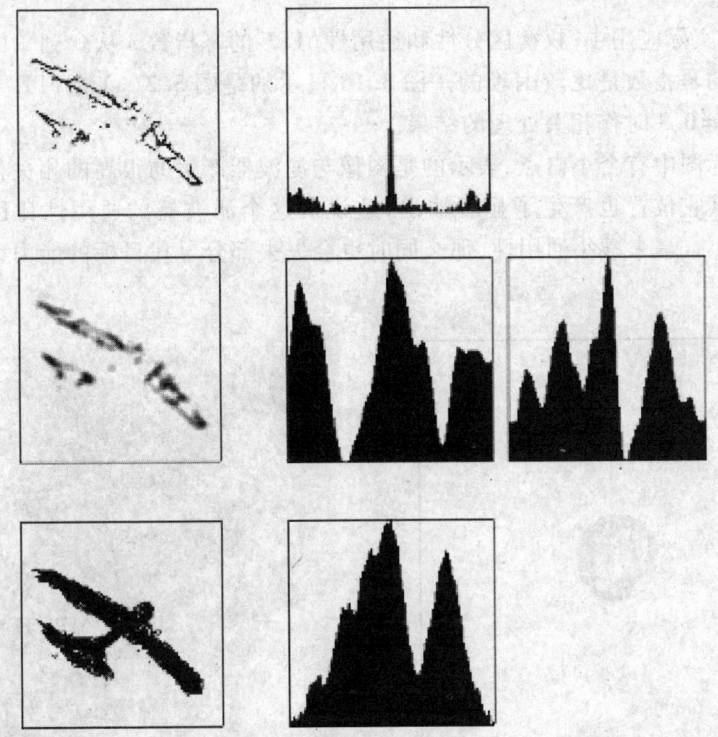

图 3.14　输入以及相关图(右面图像表示的是目标所在的相关面的线性切面)

3.7　目标识别与二值相关

二值相关:binary correlations。

FPF 的应用之一就是图像目标识别。在这个例子中,一幅图像被作为目标识别,通过调整小数参数以达到增加边缘信息的重要性。下面以图 3.2 为例来识别该图中正在吃饭的小孩的手。而图 3.15 是实验操作的结果,首先掩模目标区域,并将其置于图像中心。

这幅图像与原始图像相似时,经过 FPF 处理后目标对应的区域会出现相关峰。目标中心区域的峰值临近 1,逼近设计滤波器时设定的常量 $c(c=1)$。但是别的图像经过 FPF 后,相关面上并不会出现这样的相关峰,除非增大 FPF 的幂指数这样相关面上的整个能量会下降。FPF 幂指数的改变使得输出结果发生变化,增大 FPF 的幂指数就很难鉴别出那些与原训练图像相似的图像。这种情况在截取图像中的目标后进行鉴别时也存在。即使原始图像(图 3.2)中的手与目标提取的图像(图 3.15)中的手非常相似,但是在 FPF 的幂指数太大时鉴别的结果也不理想。

因此,实际应用中,权衡区分性和通用性(FPF 的幂指数 p 从 0 到 2 的变化)并选取合适的幂指数是比较困难的。图 3.16 显示的是图 3.2(a)的 FPF(由图 3.15 构造)在 $p=0.3$ 时作相关处理的结果。

在目标图中有个小白点,表示的是图像与滤波器产生的很高的相关值,但同时在目标的其它位置也产生了显著输出,这说明这个滤波器的通用性比区分性强。如果增加小数幂来减小通用性,那么同时也会失去部分寻找目标的能力,但区分性增强了。

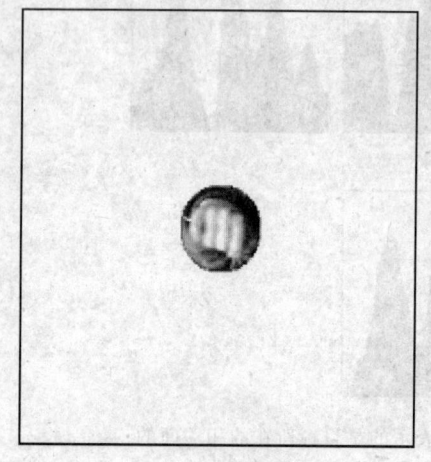

图 3.15 分离出的目标"手"

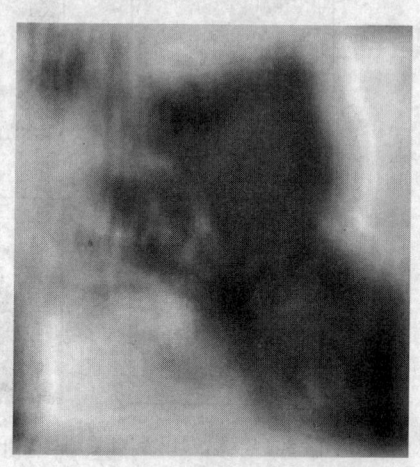

图 3.16 通过 FPF 的相关图($p=0.3$)

用 ICM 能解决上述不足。ICM 输出的是多幅脉冲图像,简单目标区域会在某次迭代中同时激发兴奋,而复杂目标的脉冲会分散在不同时刻神经元激发兴奋的输出中。在这里,"手"是一个简单目标,脉冲图像恰好描述了其外轮廓,显然,类似这样的目标容易用 FPF 来鉴别。图 3.17 就是用二值图像训练的 FPF 滤波器来鉴别目标的实验结果。

峰点说明已经检测到目标,而结果并没有受到其它目标的影响。为了更清楚地说明 ICM 的鉴别能力,把立体图作切面,如图 3.18 所示,坐标系中两条曲线分别是图 3.16 和图 3.17 经过 FPF 处理的切面图。水平轴是图 3.17 中的图像目标像素范围。显而易见,ICM 的检测输出结果更准确。

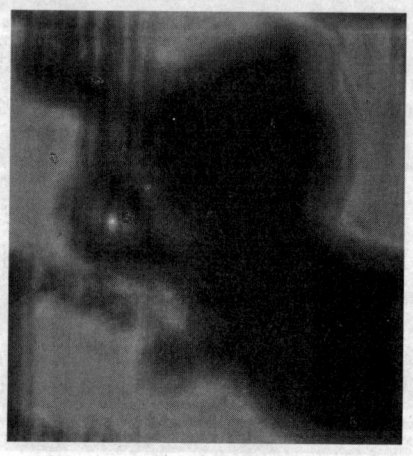

图 3.17 脉冲图像($n=1$)
通过 FPF 的相关图($p=0.3$)

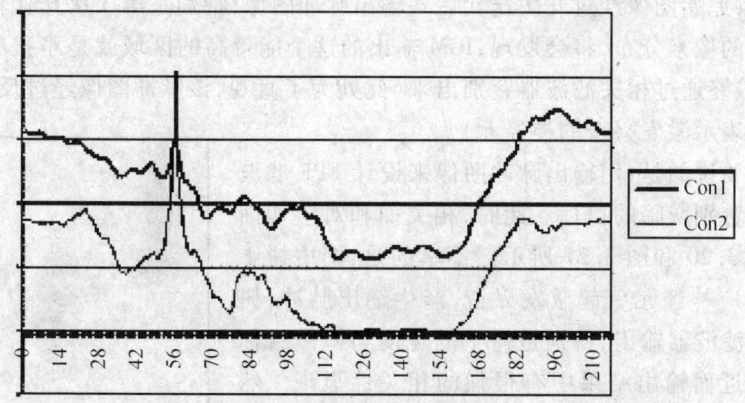

图 3.18　两个相关曲面的切面[显然第二个例子(con2)中 FPF 能够从目标的 ICM 脉冲图像中更清晰地找到目标]

在本实例中,借助 ICM 可以弥补这种相关滤波器的不足。这是因为,在检测目标时相关滤波器会趋于检测能量高的目标,而对于较暗的目标难于识别,可 ICM 最终在某次迭代时对较暗目标产生脉冲图像从而成为较亮目标(因为 ICM 输出二值图像的特性)此时再经过这种相关滤波器就更容易识别。例如,图 3.19 所示实验图像中,灰暗的目标区域为小孩身体部分,设计检测这种区域的相关滤波器是很困

图 3.19　原始图像和一些脉冲图像(其中一幅脉冲图像中目标是较亮的物体,而在另外一幅图像中目标的轮廓则是较亮的物体)

难的,观察原始图像经过几次迭代后各输出脉冲图像,特别是第 3 次迭代输出的脉冲图像中的像素分布,将会发现,ICM 输出的这个能量高的区域就是小孩的身体部位,它将最终通过相关滤波器鉴别出来(此处为了直观,该脉冲图像经过反相,所以黑色区域表示激发兴奋的神经元)。

再次要说的是:用输出脉冲图像来设计 FPF 滤波器更易于鉴别灰暗的目标。此时,相关面和对应切面分别如图 3.20 和图 3.21 所示。不幸的是,图中树干与目标对应神经元一起激发兴奋,产生输出脉冲,树干影响了滤波器输出,特别是树干的宽度与检测目标的宽度相近而输出结果中有很强的相关性显现。然而,由于树干的相关峰相比目标相关峰其值更小一点,这样 FPF 的鉴别能力还是非常好的。剩余的后续处理工作就是找到较大、较尖锐的那些峰值以便找到目标。而在这个例子中,小男孩对应的则是最尖锐的峰值。

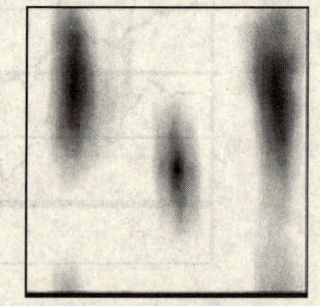

图 3.20 脉冲图像和 FPF 的相关输出(最黑的点代表最高的峰值)

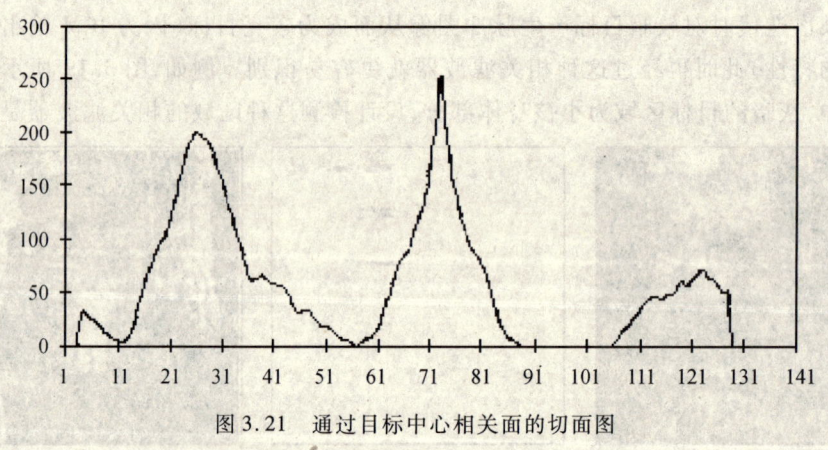

图 3.21 通过目标中心相关面的切面图

PCNN 的任务是检测目标,并用一个能量积聚的相关面来实现,而类似 FPF 的傅里叶滤波器系统产生的相关峰,使其能更容易检测目标。反之,一个单纯对输入图像处理的滤波器将难以在短时间内检测出目标。

3.8 图像分解

图像分解:image factorisation。

目标自动识别的主要困难在于目标图像的大小、光亮、方位等经常会发生变化。近年来围绕这一问题,Johnson[28,33]提出一套方案。这是一种分层图像分解的方法,把一幅图像分解成一系列子图像的乘积,并按图像细节信息,从粗到细进行

3.8 图像分解

排列。在原始图像再生时,把这些图像重新相乘在一起就可以了。在分解这些子图像时,可以对粗场景如阴影和细场景如噪声进行分离。各细节分层的多少由 PCNN 系统连接强度系数控制。

这种分层图像分解系统的框图如图 3.22 所示。在用第 1 层 PCNN 模型处理输入图像时,用 PCNN 的综合时空特性来定义图像细节分解的最大级数。第 2 层其实也用 PCNN,结合第 3 层,把第 1 层脉冲图像周期有序地分解出来,并对第 3 层输入的图像重新进行归一化处理,也即用当前第 3 层输出除以第 3 层上一次的输入。这样,所有分解的子图像便可按细节在第 3 层输出端生成。

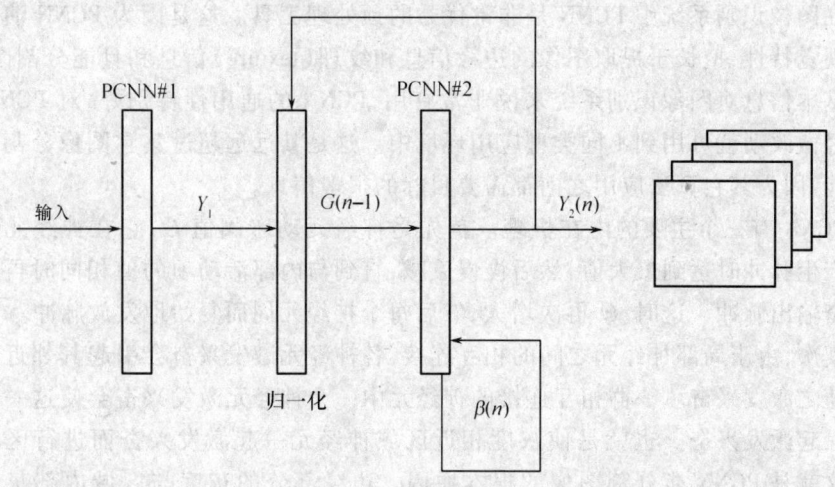

图 3.22 图像分层生成系统(输入图像被分解为一系列子图像,并按细节由粗到细进行排列,所有子图像的乘积生成原始图像)

在图 3.22 所示的系统中,两个 PCNN 类型都是用单通道的线性衰减模型,并采用最近邻域 Sigmoidal 连接方式。

这个算法的细节在文献[28]中说明,可以简单描述如下:

$$G(n) = \frac{G(n-1)}{Y_2(n)} \tag{3.9}$$

$$\beta(n) = k\beta(n-1) \tag{3.10}$$

其中,$G(0) = Y_1$,且 $k < 1$。

图 3.22 中 Y_1 为第一个 PCNN 的输出,$G(n)$ 为第 n 次迭代时第二个 PCNN 的输入,$Y_2(n)$ 为第二个 PCNN 在 $(n-1)$ 次循环后的输出,$k < 1$ 为每次循环时连接强度衰减因子。式(3.10)中预设 $\beta(0)$ 为初始值。它和 k 一起决定初始的分辨率和循环次数 n。图 3.22 中 G 和 PCNN 输出图像 Y_1、Y_2 的空间依赖性是被抑制的,因为重新归一化是基于像素到像素的,而 β 的变化是全局的,每个像素都用相同的 β 值。

第 2 层 PCNN 在首次循环开始时就把其输出直接输入到第 3 层。依灰度级量化图像,产生了空间和亮度上粗糙的输出,当把其用于第2层对原始图像进行归一化时,新的输入和连续迭代反馈输入都归一化在0~1之间。当第二个输入经过输出端的PCNN处理时,PCNN的连接强度值是衰减的($k<1$),只有亮度区域小于1的神经元才会出现与第一次输出不同的值。

3.9 反馈式脉冲图像发生器

反馈式脉冲图像发生器:feedback pulse image generator。

在图像识别系统中PCNN是非常优秀的预处理工具。这是因为PCNN演化自生物视觉特性,擅长于提取图像的边缘信息和纹理(texture)信息和且能分割图像。这些基本信息对图像识别系统来说非常有用,PCNN的通用性特别好,对PCNN本身的轻微改动就可用到不同类型应用环境中。这是其远远超过其它图像分割算法的性能,因为其它算法应用之前都需要目标的很多信息。

PCNN有三个主要的内在机理。首先是神经元动态阈值Θ,它在神经元激发兴奋产生脉冲时达到最大值,然后慢慢衰减,直到与内部活动项的值相同时再次激发兴奋输出脉冲。这时,Θ再次增大,然后每个神经元周而复始地发放脉冲。

其次,由于局部神经元之间的相互连接,各神经元激发兴奋会引起其邻近神经元也随之激发兴奋。一群相互连接的神经元中一个神经元激发兴奋会使这一群神经元一起激发兴奋。也就是使灰度相近区域神经元一起激发兴奋而进行区域分割。这就是PCNN能分割图像的根本原因。边缘部分的灰度与区域内部灰度相近,这样边缘部分也一起激发兴奋,同时它与区域外部灰度差异较大,导致外部区域神经元没有激发兴奋。这就是PCNN能提取边缘信息的原因,但是分割图像与提取边缘是在不同迭代时刻激发兴奋的结果。可见,PCNN也能提取边缘信息。

其三,内在机理是PCNN在其多次迭代后体现的。同步激发也会在同一时刻"停滞"或"同步失调",这取决于相近灰度区域里存在的纹理,纹理灰度的细小差异最终使得相邻神经元的激发兴奋趋势发生变化,而实时反映在激发兴奋输出,从而在这些输出中得到图像的纹理特征。

反馈脉冲耦合神经网络(Feedback PCNN,FPCNN)模拟了哺乳动物中老鼠的嗅觉系统,其输出以抑制的方式回馈到输入。下式中输出的当前值A是以前输出通过时间加权平均求取的,具体地,其与PCNN计算动态阈值Θ的公式类似,只是这里用到的常数V取值不同而已:

$$A_{ij}[n] = e^{-\alpha_A \Delta t} A_{ij}[n-1] + V_A Y_{ij}[n], \qquad (3.11)$$

其中V_A比V小得多。在这个例子中,$V_A=1$,然后输入由下式修改:

$$S_{ij}[n] = \frac{S_{ij}[n-1]}{A_{ij}[n-1]} \qquad (3.12)$$

FPCNN就是在PCNN的每次迭代的最后加入式(3.11)和式(3.12)。

下面介绍两个例子来说明 FPCNN 的性能。第一个实例是用一幅中心含有一个实心方块的图像,在式(3.12)输入 S 的激励下,图 3.23 中显示的是在输出 Y 趋于稳定后,几次迭代输出的结果。

从图中可以看出,第 5 次迭代的输出也是一幅与原始图像相似的方块图像,只是图像的四边都变小了一个像素的尺寸。从这个结果看,FPCNN 处理结果可与 PCNN 处理结果相媲美。PCNN 会把图像内部的边缘提取出来。但 FPCNN 提取边缘时,其输出反馈对整个输入的影响不均匀。这正是 PCNN 与 FPCNN 的差别所在。

随着迭代的进行,输出方块持续变化,继而变成方块的四个边,又变成只有四个角了,四个角也不停地变化。比较有趣的是,输入图像是一幅各角度数不同的实心三角形时,同样的现象也会发生,而最小的角会处于支配地位。输入这样一幅图像后,输出是这样变化的:首先是一个实心三角形,然后变成各角边缘,继而又剩下三个角,最终只有最小的那个角了。

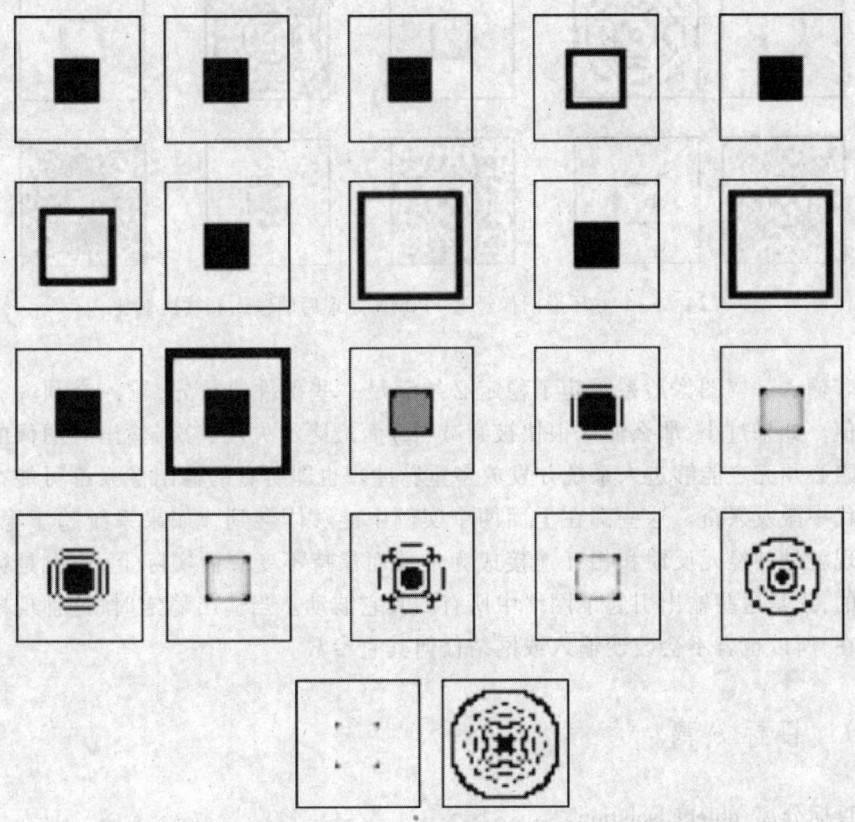

图 3.23 一个实心方形图像经过 FPCNN 处理后的输入和输出对比

FPCNN 的性能表现的第二个实例是测试一幅方环图像。测试结果如图 3.24

所示。本次测试中迭代次数比在实心方块图像进行测试时的次数还多,所以图3.24 中显示了一部分。开始几次迭代输出与实心方块实例中的类似。方块的边一直处于支配地位,但是输出趋于稳定后,四个角将显示出来,而方环图像的输出看起来变复杂了。

图 3.24 一个方环形图像经过 FPCNN 处理后的输入和输出对比

若输入一幅图像后系统趋于稳定必须满足一些条件。首先,输入必须大于某一阈值。如果过小,那么输入很快被衰减(α)而最终消失。其次,输出时图像的每个像素必须完全能够进入系统并发放多重脉冲。也即所有的输出像素都可能在不同迭代中激发兴奋。这些都在上面两个实例中能够体会到。如果系统趋于稳定,其表现就是神经元反馈和相互连接成为常数而保持不变。而实际上,输出是彼此独立的,正是这些输出引起了网络中所有的其它波动。当输出稳定时,这种现象不复存在,所以也就不会改变输入或网络任何其它参数。

3.10 目标分离

目标分离:object isolation。

反馈式脉冲耦合神经网络采用 FPF 对 PCNN 的输出进行滤波。为了更好地分离输入图像中的目标,同时增强 PCNN 对 FPF 中目标区域的敏感性,FPF 的输出也用来改变 FPCNN 的输入[29]和 PCNN 的输出,且此时 PCNN 仅从 FPF 输出中提取图像区域信息和边缘信息的很小一部分,这样即使输入相当模糊,区域和边缘也依然会很清晰。

这种特性使得 FPF 对清晰的区域和边缘信息进行滤波可有效提高整个系统的识别性能,所以这里的滤波环节非常重要。进一步,滤波器实际输入的是二值图像,因为 PCNN 的属性,二值图像具有清晰的边缘,自然滤波后就输出尖锐相关峰,系统很容易鉴别。

FPCNN 的逻辑流程如图 3.25 所示。最初,系统的动态输入是原始图像。图中 FPF 滤波器和递归图像发生器(Recursive Image Generator,RIG)的静态滤波器是训练目标图像。其作用是把训练目标反馈输入到 RIG 和 FPF 中。系统的目标是在 PCNN 输出的目标区域产生尖锐的相关峰。当然,输出相关面上还会出现一些其它干扰峰。因此,在具体实验中还要检测相关峰。

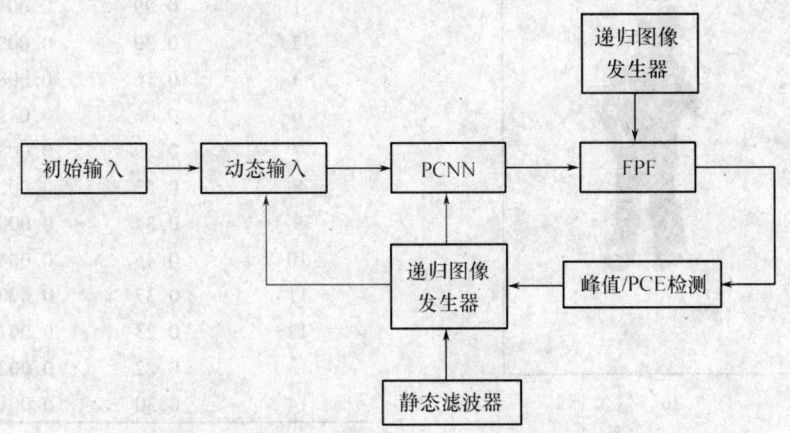

图 3.25　FPCNN 系统示意图

在这个系统中检测两个参数:最高峰值和最高峰与相关能量的比值(Peak to Correlation Energy,PCE)[27]。特别是测得的这两个参数很少受噪声影响。下面例子实验证明,只要峰值幅度大于训练值的四分之一就能从相关面检测到目标峰。在目标分离实验中,滤波器不只能处理清晰输入,而且对 FPCNN 性能的要求也并不严格。

通过检测相关面中心位置的尖锐相关峰获得的多个二值目标图像,在 RIG 中与静态滤波器输出进行逻辑"或",结果图像分两路输出:一路反相反馈输入到动态输入端,改变动态输入;另一路不反相的图像直接控制 PCNN 的工作,进行 PCNN 复位掩模,以减缓后续迭代中 PCNN 分离图像区域模块的进度。

相关面上出现很多峰,而与目标不相关的峰逐步分流削弱,结果只有目标所在区域的相关峰逐步增大。当然,偶尔也会产生与目标不相关的尖锐峰,但这些不重要的峰只在 FPCNN 最初迭代中出现,随着循环迭代的进行,它们会逐步衰减消失。

再以图 3.19 的第一幅图像为例,把小男孩当作目标,把图像中其它物体当作背景干扰。观察这个图像中的各个物体,可以发现,小男孩并不是最黑白分明的区域(就是说,图中除了小男孩外还有那几棵树,从图像处理角度看,小男孩作为目标与树很相似,至少宽度接近),还有,目标区与背景区之间的边缘也不是最显著的。FPF 和 RIG 中的静态滤波器如图 3.26 所示,RIG 滤波器是目标的二值图像,FPF 的幂指数取 0.5。当然,FPF 是用同一幅图像训练的。

图 3.26　滤波器

表 3.2　重要迭代的相关性响应

迭代次数	相关峰值	PCE 值
0	0.42	0.000 2
1	0.99	0.001 5
2	0.30	0.002 7
3	0.16	0.008 9
6	0.06	0.041 7
7	0.19	0.003 0
8	0.53	0.002 0
9	0.34	0.000 2
10	0.45	0.001 9
11	0.37	0.000 9
12	0.23	0.001 4
13	0.22	0.002 0
14	0.30	0.001 9

图 3.27 中的图像展示了选定的几种迭代次数时的动态输入,没选择的那些迭代次数不产生感兴趣的输出(这些迭代时刻输出包含激发兴奋的神经元数很少,很少产生脉冲输出)。在系统中,图 3.27 的一些迭代时刻并不改变动态输入,但此时我们重视 PCNN 的脉冲输出和 FPF 输出的相关面变化。图 3.27 也展示了产生非目标分割时这种 PCNN 和 FPF 混合系统的性能,下面将展示这种方法的实验结果。

表 3.2 所示为所有重要迭代时刻的相关峰和 PCE 值。设计 FPF 使其脉冲响应为高度等于 1 的峰,这样系统输出有效目标的鉴别阈值分别为:最高峰大于 0.25,PCE 大于 0.001 0。

从图 3.27 可见,相比于图像中的其它部分,目标被逐渐增强,最后目标成为场景中最突出的物体。这正是我们想要的结果,目标分离完成了!

3.11 动态目标分离   51

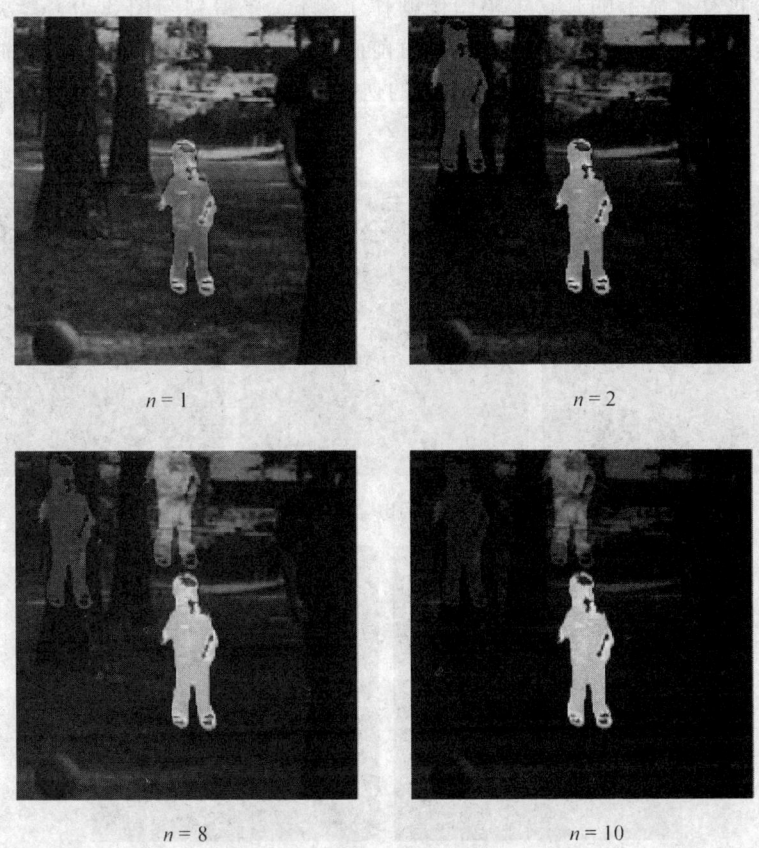

图 3.27 反馈系统的动态输入

3.11 动态目标分离

  动态目标分离(Dynamic Object Isolation,DOI)即对运动目标进行分离的能力。相比于上面讨论的静态目标分离系统,动态目标分离系统首先要用多个不同角度摄取的目标图像帧作为样本对滤波器进行训练,然后进行系统性能优化,以便能识别没经过训练的图像帧中的目标。这才体现了系统的普适性,因为在非训练图像帧中,目标可能呈现不同的比例、不同的位置和不同的角度。以男孩踢球这个目标为例,非训练图像帧中踢球男孩可能以不同的姿态(手臂、腿和身体角度)、不同的方位和比例(当他朝着摄像机移动时)出现在画面中。

  相比于静态目标分离系统,动态目标分离系统设计的显著差异是滤波器需要对许多不同角度的目标图像帧进行训练。下面以图 3.28 所示的这个原始图像序列构成的电影片段为例,这里用图 3.28(a)、(b)、(c)、(e)共 4 幅图像来产生 FPF 滤波器和反馈掩模,而把图 3.28(d)留作测试图像,不参加训练。当然在实际实验中还用在此没有显示的其它多幅图像帧作了测试,并得到与图 3.28(d)类似的结果。图 3.29 所示为 FPF 滤波器,它是由前面 4 个训练图像分别得到的脉冲图像合成的一幅图像。图 3.30 所示为在不同的迭代时刻图 3.28 所示电影片段中动态目标的分离过程。

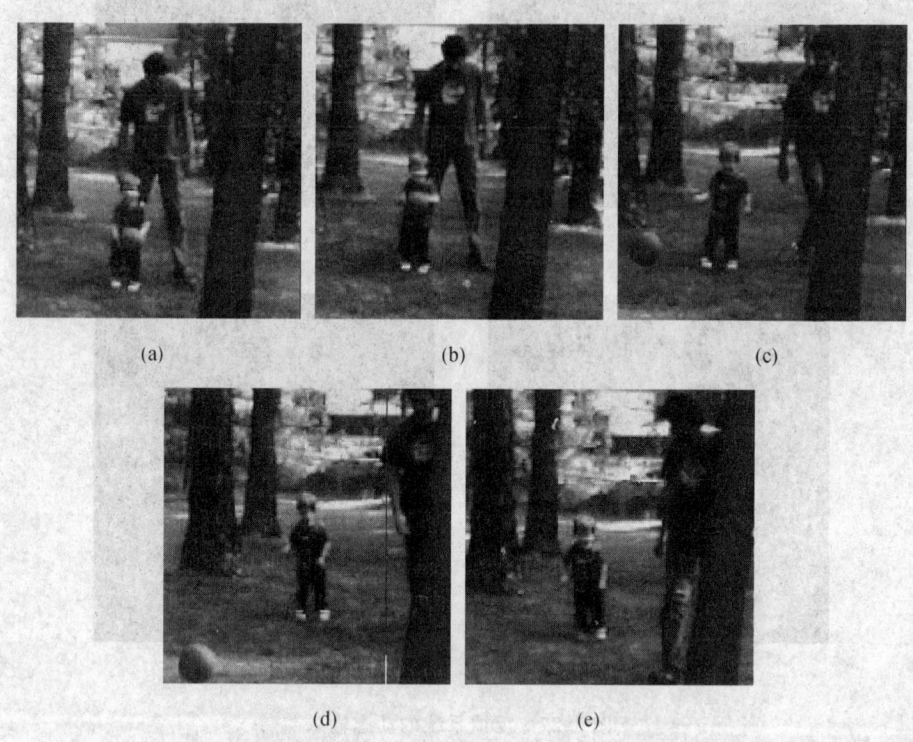

图 3.28 由 5 幅图像组成的一个输入图像序列

图 3.29 合成滤波器

图 3.30　动态输入过程(n 分别为 3、11、18、27)

3.12　阴影目标

　　PCNN 在很大程度上依赖于输入像素点的亮度值。因此,在 PCNN 中阴影物体将产生明显不同的响应。阴影物体就是使物体本身的亮度值减小。例如:一个物体由 A 和 B 两部分区域构成,这两部分的亮度值本来很相近,因此,它们会在同一次迭代中激发兴奋。但是,B 区域被阴影(shadows)覆盖了,它的亮度减小了。所以,B 区域的激发兴奋时刻都会落后于 A 区域。整个物体就不会在同一次迭代中激发兴奋。

　　对于许多基于 PCNN 体系结构的模型来说,这是一个灾难性的影响,它将破坏处理的有效性。然而,在目标分离系统中,FPF 可克服阴影的不良影响。因为,FPF 的小数幂指数可以设置包含识别频率,而二值脉冲分割有清晰边缘,使得滤波器仅仅在目标的部分神经元激发兴奋时仍具有充分的相关性。换句话说,这个滤波器仍然能够给 A 或 B 提供足够的相关性,使得目标分离能够顺利进行。

　　考虑图 3.31。图 3.31(b)是一幅阴影图像。它是通过将原图像中的目标(男孩)分离出来,再进行二值化所得到的[图 3.31(a)]。这个二值图像就作为阴影掩模,图 3.31(b)是通过减小图像下半部分[图 3.31(a)所示]所有白色(ON)像素点的个数得到的。最后的效果就是男孩的裤子和腿变暗了。FPF 滤波器和反馈掩模是通过没有阴影图像的脉冲图像得到来的。

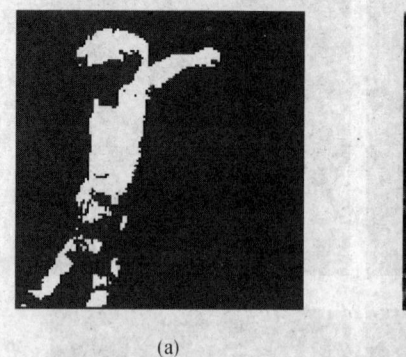 

图 3.31 阴影掩模（图像下半部分所有像素亮度值被降低）

阴影区域的亮度值很低，使得男孩的裤子和腿的激发兴奋时刻落后于身体和手臂。然而，FPF 滤波器仍然能够找出这部分目标神经元激发兴奋输出的脉冲。图 3.32 给出了阴影图像的目标分离过程。

图 3.32 阴影图像的目标分离过程

3.13 考虑含噪图像

含噪图像：noisy images。

随机噪声是 PCNN 的大敌。分割区域很容易受到随机噪声干扰。一般噪声从以下 3 种基本途径进入 PCNN 系统：

第一是输入噪声，此时噪声加到 S 中；

第二是系统噪声，此时噪声加到动态连接项 U 中；

第三是动态门限阈值 Θ 初始随机变化，也就是此时的 Θ 成为随机变量了。

下面以图 3.33 所示激励图像（该图像主要由踢球男孩、男孩的父亲和粗长树干等组成）作为 PCNN 的输入，举例说明这三种噪声干扰的任何一种都会破坏 PC-

NN 对图像的分割能力。

直接将图 3.33 作为激励输入 PCNN,此时 PCNN 输出的二值图像如图 3.34 所示。在结果中,可以清晰地看到 PCNN 图像分割能力和边缘提取能力,显然边缘增强很明显。在下面的实验中,只将 PCNN 的阈值 Θ 初始化为随机变量且介于 0.0~1.0 之间,实验输出的结果如图 3.35 所示。要注意的是,在一个神经元激发兴奋之后,初始值小于阈值的 5%。我们将两种实验结果进行比较。

图 3.33 一个输入激励

当然,图 3.35 所示图像中的噪声比原始图 3.34 所示图像中更明显,这在预料之中。还有一点也要注意,此时 PCNN 本身无法很好地去除这些分割图像上的噪声影响。因此,有以下的一些解决方法。

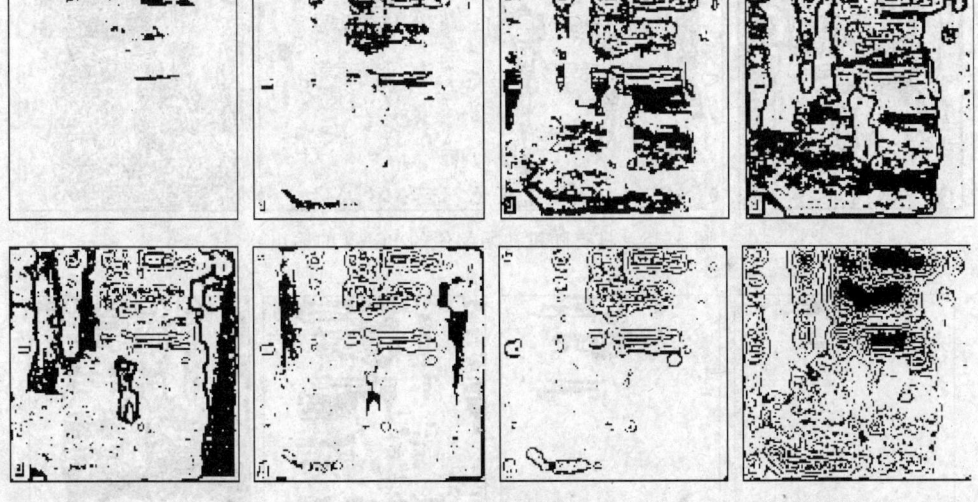

图 3.34 以图 3.33 为激励的 PCNN 的输出

第一种去噪方法是用一个信号发生器作为 PCNN 的后处理器,它将使 PCNN 的阈值产生微小的振动,且振荡频率尽量与激励神经元本身自然激发的频率保持同步。显然,这些区域神经元就会逐步趋于同步激发,因此噪声当然就明显减小了。

一个典型的信号发生器是余弦函数项与动态阈值之和(其中 f 为特意设计的频率),而

$$Y_{ij}[n] = \begin{cases} 1 & U_{ij}[n] > \Theta_{ij}[n-1] + [\cos(f \cdot n/2\pi) + 1.0] \\ 0 & 其它 \end{cases} \quad (3.13)$$

输出如图 3.36 所示。

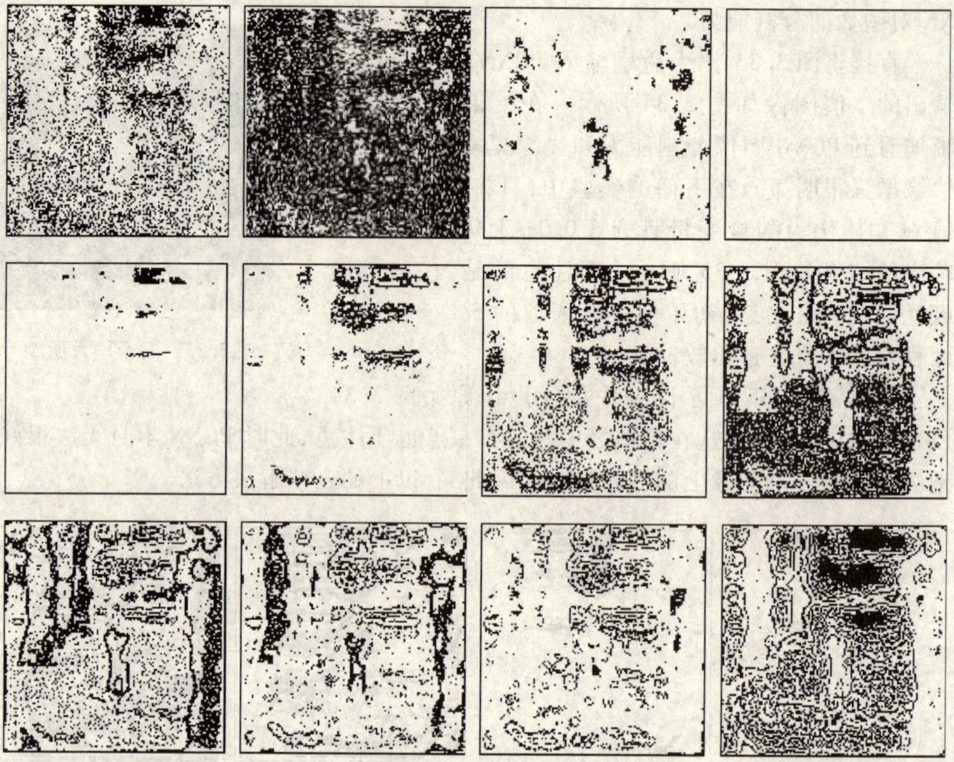

图 3.35 具有随机初始阈值的 PCNN 的输出

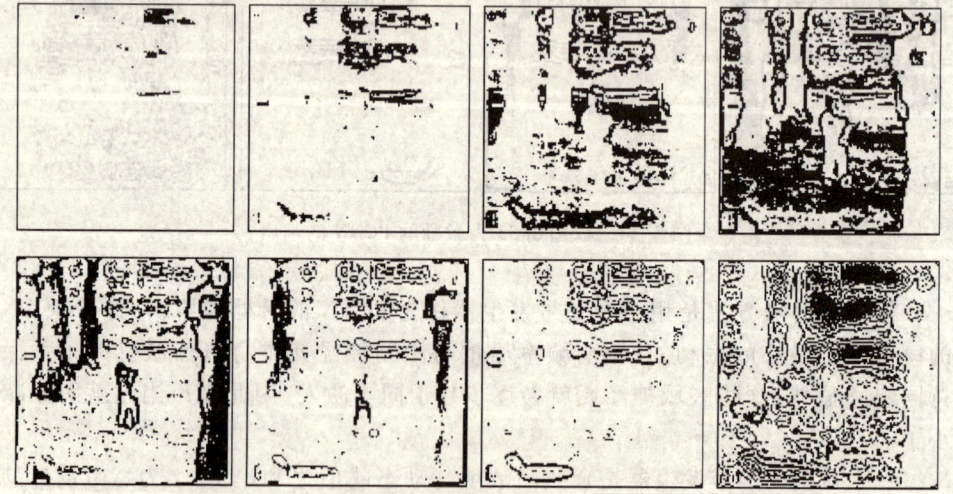

图 3.36 带有信号发生器的 PCNN 的输出

通过上述处理,系统噪声几乎被消除,且阈值已经与分割区域神经元激发保持同步。消除噪声的道理是:当该信号发生器产生一个较大的输出时,函数周期地延迟一些神经元的激发兴奋。当发生器产生一个较小的输出时,一些以前被抑制的神经元周期性地提前激发兴奋。

在系统的其它部分也会出现噪声,例如,输入噪声就直接加在激励信号上,使输入 PCNN 的每个激励神经元被加上一个介于 $-0.1 \sim 0.1$ 之间的随机数。图 3.37 所示的图像就是这种情况的实验结果。

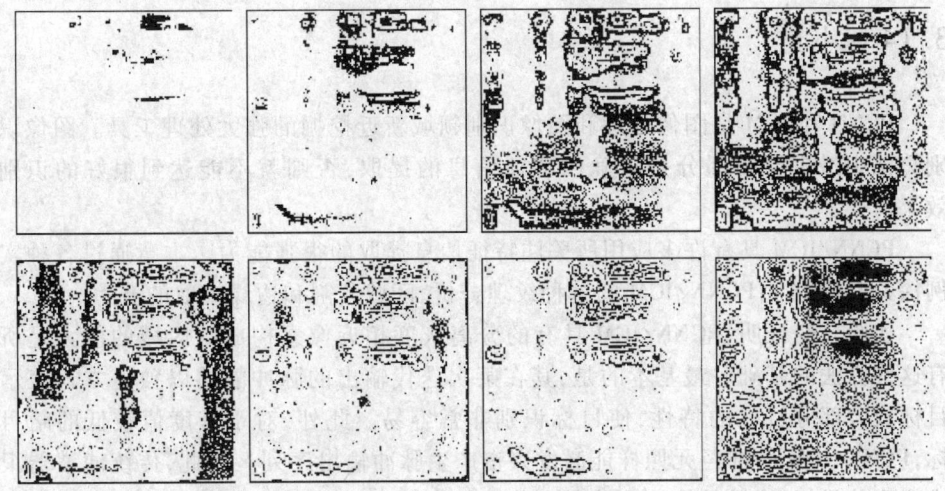

图 3.37　有信号发生器和噪声激励的 PCNN 的输出

实际上,在最初的迭代中,这个系统已经去除了噪声。然而,随着迭代的进行,后续迭代中又出现噪声。道理很简单,每次迭代时都有噪声随激励 S 加在 F 中。因此,噪声不断在 F 中累积,当信号发生器不再能够克服这种累积噪声的影响时,噪声便又出现在系统输出中。

最后一个例子是,给系统加入动态噪声。也就是说,每次迭代时的噪声产生器都给 U 加入 0 均值的 $[-0.1, 0.1]$ 随机噪声。图 3.38 是实验结果。

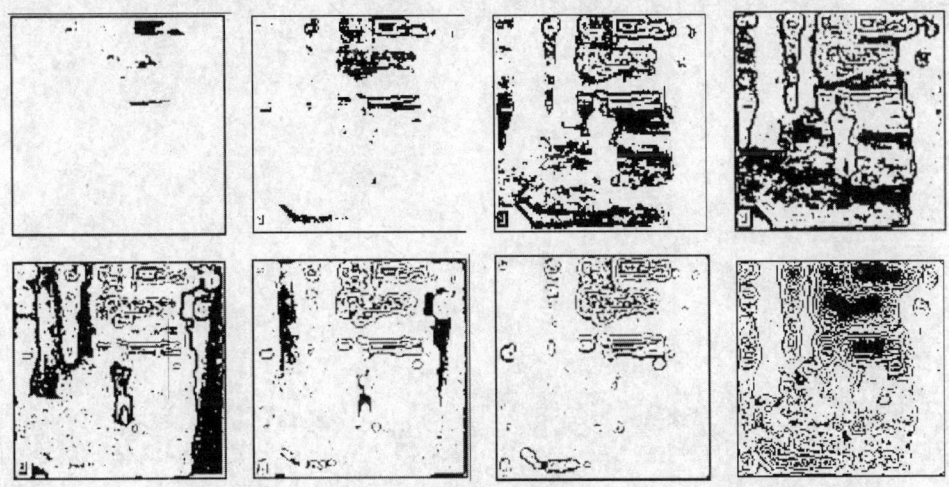

图 3.38　每次迭代都给 U 加入噪声后 PCNN 的输出

从实验结果可见,噪声大大减少。在这种情况下,每次迭代所加噪声都不同。这使得系统与图 3.37 的操作过程相似。

另一种去噪方法是采用快速连接算法。在前面的 2.1.4 小节中已经给出了例子。

3.14 小结

PCNN 和 ICM 是图像处理和图像识别领域新近挖掘的强大处理工具。图像识别算法中最重要的部分是正确的特征信息的提取,否则就不能达到很好的识别效果。

PCNN/ICM 具有许多应用所关注特征信息提取的很强能力。本章通过各种实例探索和研究了 PCNN/ICM 的这种纹理分析、区域分割和边缘提取的能力。

实验已经证明,PCNN/ICM 具有的分离灰度相近像素构成的区域的能力是所有这些算法的基础。最基本的是,其在某次迭代输出的脉冲能够以独立方式表示目标或大部分目标的特性,使目标识别非常容易。此外,对于灰度值较低的暗目标,PCNN/ICM 的神经元照样能激发兴奋产生脉冲输出序列。因此,传统滤波器很难找到的目标,在脉冲序列构成的图像中很容易识别。

第 4 章 图像融合

在多光谱(multi-spectral)环境中,目标是否存在的信息分布于多光谱的各个频段中。因此,检测目标需要融合这些不同类型的数据。然而,由于数据量庞大,使得图像融合(image fusion)很困难。一般而言,任何一个检测通道都不能够提供足够的信息来确切地说明检测目标是否存在。每个通道都只提供目标是否存在的一些线索。因此,一个可行的方法就是将这些庞大的数据精简到更易于管理和处理的合适数据。

脉冲耦合神经网络(PCNN)已被证明是一个强有力的处理单通道图像的工具[29,40,41,44]。这是因为它本身具有图像分割、边缘提取和纹理分析的能力。PCNN可以产生贯穿整幅图像的自动波。自动波在传播过程中既不反射也不折射,而且当两列波相遇时,他们互相抵消而消失。下文将要说明自动波在提取图像相关信息中发挥的关键作用。融合过程就是对图像的每个通道进行分析,并对其结果进行合并综合处理的过程。这里所说的图像融合的过程就是使用多个 PCNN 以产生通道内的自动波和新的通道间自动波。所以,相关图像信息在相互作用过程中从所有通道中被提取出来。对于图像融合问题,这里提出使用多通道 PCNN 和 FPF(小数幂指数滤波器)[26]的方法检测多通道图像中的目标。

4.1 多光谱模型

多光谱 PCNN [multi-spectral PCNN (εPC-NN)] 模型由一系列并行的 PCNN 构成。每一个 PCNN 处理一个独立通道,通道内的连接和通道间的连接作为 PCNN 的输入。这会产生非常有趣的视觉效果,即一个通道的自动波将导致其它通道也产生自动波。于是,最初的自动波引起了其它通道的自动波的传播,但是所有的自动波都保持着目标物体的形状。以图 4.1 和图 4.2 吃冰淇淋小男孩为例,原始图像是一幅三通道彩色图像(colour image)(256 ×

图 4.1 输入的三通道(彩色)图像

256×24),其它图像是 3 个通道的彩色编码脉冲的输出。要强调的是图中边缘和区域特征非常明显。

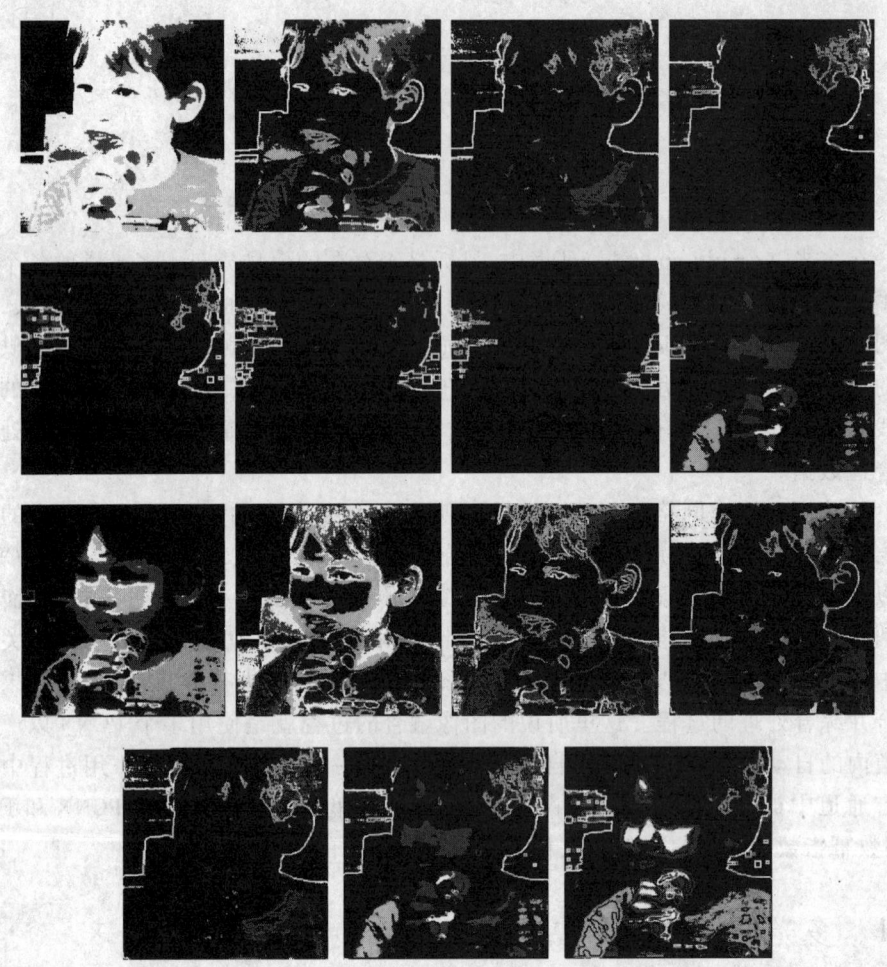

图 4.2 以图 4.1 作为输入时获得的脉冲输出图像

现以小男孩的头发为例,说明通道间连接的存在。图中小男孩的头发是褐色的,并且其亮度也是变化的。在迭代次数 $n=1\sim3$ 和 $n=8\sim14$ 之间,可以看到自动波通过小男孩头发。由于小男孩头发的颜色中红色分量比绿色或蓝色分量多一些,所以红色的自动波最先产生,并引起其它颜色的自动波。于是,这些其它颜色的自动波追随其后,但是所有的波形都沿着小男孩头发的纹理和形状传播的。

为解决多通道问题,需要对 εPCNN 模型做少许的改动,其中 ε 代表通道的个数。

$$F_{ij}^{\varepsilon}[n] = e^{\alpha_F \delta n} F_{ij}^{\varepsilon}[n-1] + S_{ij}^{\varepsilon} V_f \sum_{kl} M_{ijkl} Y_{kl}^{\varepsilon}[n-1] \qquad (4.1)$$

$$L_{ij}^{\varepsilon}[n] = e^{\alpha_L \delta n} L_{ij}^{\varepsilon}[n-1] + V_L \sum_{kl} W_{ijkl}^{\varepsilon} Y_{kl}^{\varepsilon}[n-1] \quad (4.2)$$

$$U_{ij}^{\varepsilon}[n] = F_{ij}^{\varepsilon}[n] \{1 + \beta L_{kl}^{\varepsilon}[n]\} \quad (4.3)$$

$$Y_{ij}^{\varepsilon}[n] = \begin{cases} 1 & U_{ij}^{\varepsilon}[n] > \Theta_{ij}^{\varepsilon}[n] \\ 0 & 其他 \end{cases} \quad (4.4)$$

$$\Theta_{ij}^{\varepsilon}[n] = e^{\alpha_\Theta \delta n} \Theta_{ij}^{\varepsilon}[n-1] + V_\Theta Y_{kl}^{\varepsilon}[n] \quad (4.5)$$

在这里,通道内的自动波提供了一种不错的图像融合方法。在该方法中,图像处理及图像融合过程同时进行。很多传统的图像融合方法是在图像处理之前或之后融合信息的,而该方法却是在图像处理过程中融合信息。并且由于自动波可以描述图像中的各个物体,从某种意义上讲,自动波已成为图像描述的一部分。因此这种图像融合方法不是一种统计意义上的融合方法,而是一种基于图像特征的融合方法。也正是由于该方法提供了一种基于图像特征的高层次融合,使得该方法明显区别于传统方法。

4.2 脉冲耦合图像融合设计

融合来自相同场景的图像是有原因的。举个例子,有些物体在红外图像中可以看到,而有些物体在可见光图像中可以看到,为了能在一幅图像中看到这些物体间的关系,需要将红外图像和可见光图像进行融合。也使用不同的手段对相同检测器的图像进行滤波处理以增强不同的但相关的目标特征。通常融合来自多个传感器的信息可以得到更好的结果。如图 4.3 所示,该系统利用多通道 PCNN(εPCNN)和 FPF(小数幂指数滤波器)融合多幅图像中的信息以便更准确地确定特定目标的存在及其方位。当然,εPCNN 就产生通道内连接及通道间连接的自动波和多通道脉冲图像[42,43]。

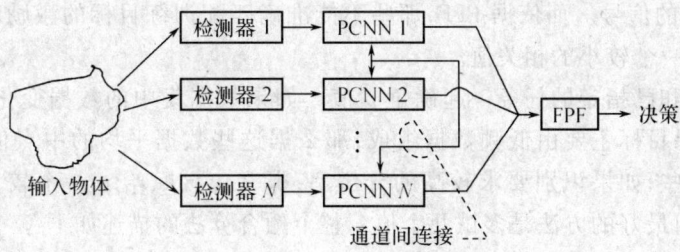

图 4.3 多通道 PCNN 的逻辑框图

εPCNN 的优势是具有 PCNN 图像分割的固有能力。但由于 εPCNN 既不需要训练,也不需要有关目标的任何知识。所以它不能识别目标。而 FPF(小数幂指数滤波器)是一个不错的目标识别滤波器,当然,它需要训练多个目标或图像。但

FPF 与傅里叶滤波器类似,一般需要"真实目标"样本的输入。FPF 可以很好地处理 εPCNN 产生的无噪声二值图像。具体做法是,将 εPCNN 的输出结果作为 FPF 的输入。

每一个输出的脉冲波均是一幅实数二值图像,而 FPF 的输入是这些脉冲图像相位编码的累加。相位编码过程在一个复数矩阵中进行,基本上考虑到了多通道的联合描述。这是可能的,因为在每一个通道中脉冲图像是二值的并且它们之间的交叉干扰极小。而一般实数(非二值)矩阵的相位编码会产生大量交叉干扰,同时也会丢失大量信息。与之不同的的是,由于二值图像的二值属性使得它能够生成唯一的相位编码图像。在很多情况下,原始的二值图像可以从相位编码图像中重新生成,这说明编码过程并没有破坏输入图像的信息。就三个通道来说,相位编码图像的元素可实现八个不同的数中的任意一个。这八个不同的数是由八组可能的二进制数的组合唯一生成的。

因此,多通道 PCNN 的最终输出是一个复数图像,该图像包含有所有通道的数据。

$$Y^T = \sum_{\varepsilon l} Y^\varepsilon e^{i \times 2\pi \varepsilon/N} \quad (4.6)$$

从原始图像中挑选一个多通道目标对 FPF 进行训练。而用于训练的目标图像是对一些原始图像剪切处理后得到的。用于训练的每一幅图像是

$$x_i^\varepsilon = e^{i2\pi \varepsilon/N} S^\varepsilon \quad (4.7)$$

相应的训练参数为

$$c_i = e^{i \times 2\pi \varepsilon/N} \quad (4.8)$$

并根据式(3.6)~式(3.8)式对滤波器进行训练。

最终得到相关函数 Z:

$$Z = h \otimes Y^T \quad (4.9)$$

如果目标存在,将会在目标处产生一个大的相关信号。精确的匹配将生成一个幅值为 N 的信号。而依据 FPF,那些不能准确匹配训练目标的激励就会根据幂指数 p 生成一个较小的相关值。

数据集和已指定的任务一起确定 p 值。如果数据集中的数据变化大,则 p 就小一些;如果目标主要由低频数据组成,那么据这些数据平均的中点值,p 值就取得稍微大一些;如果识别要求较高的分辨率,那么应该赋给 p 一个较大的值。通常,决定 p 值最好的方法是多试几个值。整个融合算法的描述如下:

1. 给定一个已定义好的目标训练集 X,生成 FPF(小数幂指数滤波器)滤波器。
2. 给定一个 ε 通道的激励 S,每个通道都能用 S^ε 单独表示,PCNN 的所有矩阵都初始化为 0。
3. 根据式(4.1)~(4.5)进行一次 εPCNN 迭代。
4. 根据式(4.6),对输出 Y^ε 进行相位编码以形成 Y^T。
5. 根据式(4.9)计算相关函数 Z 以确定目标的存在性。大的相关峰值表示目

标存在。

6. 重复第 3 至第 5 步,直到目标被准确确定或者多次迭代仍无法识别目标。具体迭代的次数要视具体情况而定。这里使用的是累试法,一般来说,迭代次数为 10~20 次就足够了。

4.3 一个彩色图像的例子

本节的例子使用的是一幅彩色图像,如图 4.1 所示。这幅图像是 3 通道图像。同时本节还给出了 εPCNN 的响应。

选择小男孩的冰淇淋作为目标。剪切并将冰淇淋图像进行居中处理以生成 FPF 训练图像。在传统滤波器中通过剪切生成训练图像是非常危险的,这是因为剪切处理引入了人为边缘。它们可能成为傅里叶变换分量,但在实际原始图像中又不存在,这样就会错误地改变相关输出结果。换句话说,滤波器可能产生输入图像中原本不存在的大的傅里叶分量。PCNN 则不同,它生成的脉冲图像含有非常锐利的边缘。在这种情况下,裁剪目标的操作不会产生很大的负面影响。因为两者都含有锐利边缘,所以相对来说,剪切操作不会对相关信号产生多大影响。

当 $p=0.8$ 时,FPF 滤波器如图 4.4 所示。每一个 εPCNN 脉冲图像都与滤波器相关。前四个非平凡的 PCNN 响应的相关函数曲面(平凡输出是指含有极少神经元激发脉冲的输出),如图 4.5 所示。

值得提醒的是,一些非平凡输出与所有平凡输出一样,其脉冲图像不包含任何目标信息,此时就没有相关峰值生成。目标存在与否的信息是从多幅脉冲图像与滤波器的相关函数中搜集而来的。目标将在这些相关函数曲面产生相关尖峰脉冲。正因为如此,该系统具有的一个明显优势就是能容忍少数正或负

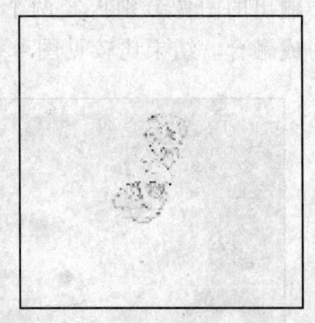

图 4.4 目标的复数 FPF

的干扰影响。如果输出的多幅图像中只有一幅图像产生了相关峰信号,那么这个偶然出现的相关峰将被忽略掉。同样的道理,在目标区域处多幅脉冲图像都产生

 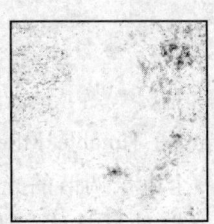  

图 4.5 前四个非平凡 PCNN 响应的相关函数曲面(图中所示的图像分别为 $n=1,2,7,8$)

了强的相关峰而有一幅图像的相关峰幅值较小,那么该峰也可以被忽略掉。文献[40]对这种"证据累积"(accumulation of evidence)法进行了详细地阐述。

在图4.5所示的所有迭代中,相关曲面中呈现出一个很大的信号,该信号表明目标存在。需要说明的是,任何通道中只出现目标的一部分。所以对于多通道输入,就很容易检测目标的存在,进而也就实现图像的融合。

至于计算速度,事实上PCNN是非常快的。它只包含局部连接。对于这个例子,$W=M$,因此这种复杂的运算只用算一次。应当指出,对于有些应用情况,让$M=0$既可以减少目标的交叉干扰,又可以达到相同的计算效率。对于稀疏矩阵Y内容的快速分析也可以提高计算效率。在软件仿真时,FPF的开销比εPCNN的开销要大得多。

4.4 小波滤波图像融合实例

在这个例子中,我们将比较单个PCNN产生的结果和简单融合PCNN产生的结果。单个PCNN只能接收一个输入—灰度图像"Donna"。融合PCNN将把这个输入图像送到中心PCNN中。此外,这个输入图像经两个小波滤波器滤波后,两路输出的图像分别再经两个相邻PCNN也送到中心PCNN中,图像在中心PCNN完成融合。结果比较见图4.6和4.14。

 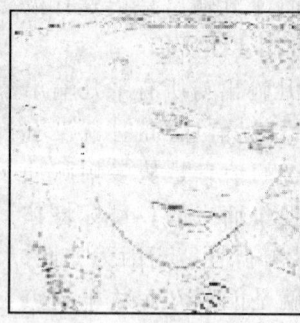 

图4.6 原始输入(最左边的)和两个经小波滤波后的图像(反相显示)
是融合PCNN的三个输入

4.5 多光谱目标检测

本实验用声光调谐滤波器(Acousto-Optical Tunable Filter, AOTF)[38,39]获取的多幅图像进行多光谱目标检测。AOTF是一个电子调谐的光谱带通滤波器,与电视中常用的压电中频带通滤波器一样,其核心部件是晶体。当射频(Radio Frequency, RF)信号驱动声波在晶体里传播时,同时伴随着折射率(index of refraction)的变化引起的衍射(diffraction)便形成了一个从宽带RF信号中需要滤波的窄带分量。

当然,该分量的波长依赖于加在该晶体上射频信号频率。于是通过逐步改变加在传感器中射频信号就得到多个窄带分量。分量波长与器件的几何形状无关,每一个波长分量的相关带宽由 AOTF 的结构和晶体的特性决定。在总带通(overall band pass)为 $0.48 \sim 0.76$ μm 时,传感器可以产生 30 幅窄带分量的光谱图像。

图 4.7 所示的是单通道输入图像的例子。标记为 4102dt0 的图像的波长接近光谱的最长波长,而标记为 4130dt0 的图像的波长是最短的。图 4.8 是 PCNN 单通道的二值输出,之所以选择这些特例是因为它们能显示"地雷"的一些特征信息。图 4.9 是对某次迭代中所有通道脉冲图像的灰度描述。灰度编码粗略说明了相位信息。正如图中所看到的,在某次迭代($n=7$)后,目标可以看得相当清晰。

图 4.7 4102dt0(长波)和 4130dt0(短波)

图 4.8 $n=7$ 时通道 18 和通道 2 的输出

图 4.9　多通道脉冲图像的灰度描述

图 4.10 为螺旋滤波器(spiral filter)的幅值,构造这个滤波器的目的是用 FPF 方法检测目标。图 4.11 是第 7 次迭代时滤波器输出的三维相关曲面图。

 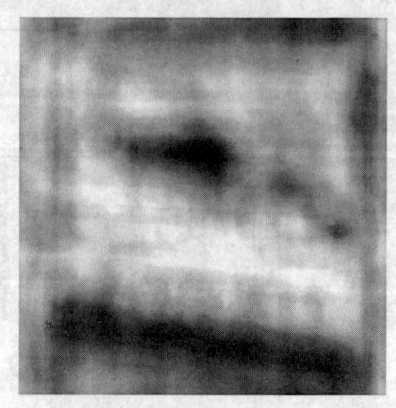

图 4.10　螺旋滤波器的幅值　　　　图 4.11　第 7 次迭代后滤波器的相关
　　　　　　　　　　　　　　　　　　　　　　函数较黑色的像素表示较大的响应

图 4.12 是一个相关曲面的断面图,该断面恰好通过相关峰(标记为 surf07b)。正如我们所看到的,相关信号明显比噪声强。在为其它目标设计滤波器时,也得到了同样类似的性能。图中的另一个曲线是通道 20 的原始图像与熄火地雷(Landmine)[立即被 Kaiser 窗口(Kaiser window)衰减的]之间相关函数。可以看到,这

个相关信号并不能用于确定目标的存在,这里较大的信号来自哈龙板(Halon plate)。从图 4.12 的曲线比较比较可以看出,采用螺旋滤波器使系统相关性能得到显著改善。(这一段应该还是有问题的,我觉得还有改进的地方。比如:cross-sectional 的翻译。比如"熄火地雷")

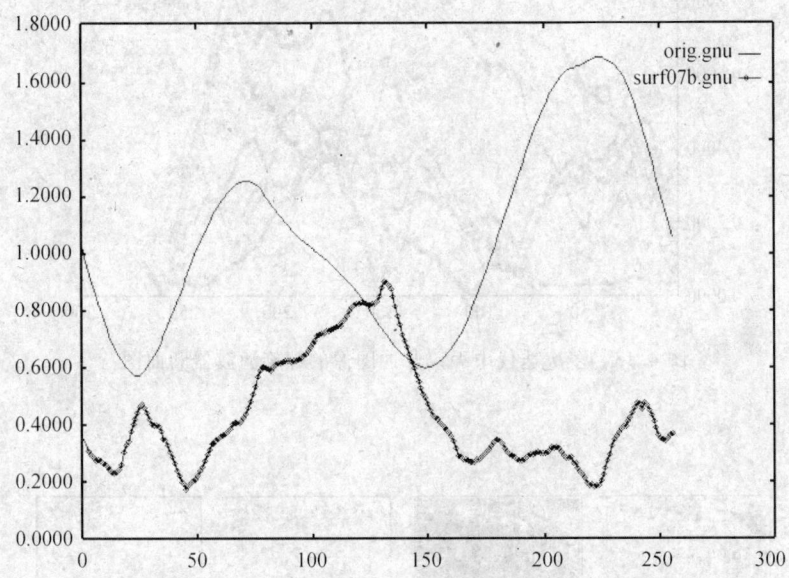

图 4.12   目标与原始图像(orig.gnu)以及脉冲图像 $n=7$ 时螺旋滤波器的相关曲面的交叉断面图(这个翻译我还是不满意,还要改)

并不是所有的迭代输出都包含目标区域。换句话说,并不是每次迭代过程都会将目标作为一个整体输出,这是 PCNN 脉冲图像的固有性质。在某次特定迭代输出中是否出现目标取决于场景的亮度强度,有可能出现这样的巧合情况:直接相邻的物体可能会像目标一样在同一次迭代中产生脉冲,从而在输出图像中难以区分两个物体之间的边界。如果目标的大部分边缘已经获得并且在其它的迭代中可以分离出相邻的物体,那么 FPF 相关函数也可以生成一个大的相关值。

图 4.13 显示了前 7 次迭代输出的一维相关函数的切面(通过目标区域)。第 2 次迭代和第 5 次迭代生成了最大的相关信号,由于两个地雷的位置相邻且形状及大小相似,故并不能使用信号宽度来确定具体的目标地雷的存在。由于哈龙板的亮度高,所以它产生的相关信号较强。不过,通过对相关函数进行归一化和对输入图像进行平滑处理可有效地减小该信号。第 7 次迭代的输出(同样也在图 4.12 中进行了说明)说明了目标的存在。

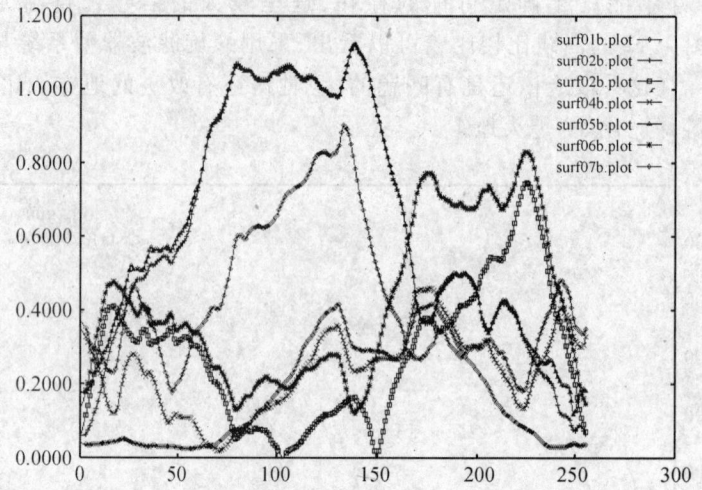

图 4.13　多次迭代中编码脉冲图像的螺旋滤波器断面图

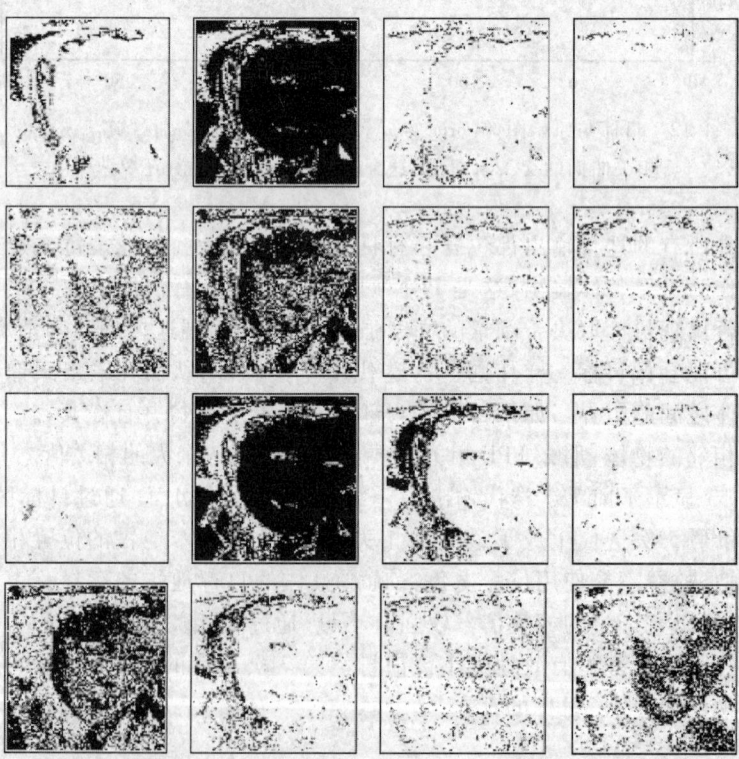

图 4.14　融合 PCNN 的 8 个输出（前两行为一类融合 PCNN，后两行为另一类融合 PCNN）

4.6 小结

本章介绍了一个多通道 εPCNN 模型及其应用,并将其与复数 FPF 结合。对每一个通道而言,通过 εPCNN 产生脉冲图像,并与其它通道进行耦合,从而实现图像的融合。接着通过复数 FPF 对脉冲图像进行分析。在 FPF 滤波器中,相位自由度(phase degree of freedom)、能考虑到多通道间的编码。εPCNN 用于提取光谱和亮度特征,这些特征易于被后面的 FPF 滤波器分析与处理。

第5章 图像纹理处理[*]

图像纹理：image texture。

图像的纹理是图像处理许多应用非常关注的重要信息。本章主要介绍纹理分析在医学图像中的使用。

图像中具有相同激励的区域会同时激发输出脉冲。激励的变化(存在纹理)将会破坏这种区域激发的同步行为。随着循环过程的进行，各个区域会变得越来越不同步。这种不同步依赖于输入图像的纹理。因此，纹理是可测的，并可应用于区域分类。

5.1 脉冲谱

我们再来看看图 3.7 和图 3.8。红血球细胞核中包含了纹理信息。在迭代次数 n = 1 时细胞核作为一个整体区域发放脉冲，完成第一次循环。在迭代为 n = 16～19 时，发生第二次循环，由于原始区域中存在纹理信息，于是细胞核对应神经元失去同步，脉冲被分离了。因此，纹理的度量要经过多次迭代而非一次完成。

纹理是一种很有趣的度量，它描述了区域中灰度值不一致的多个像素持续分布的一种特性。纹理是一个用不相似性描述的区域，然而，区域大小由用户定义，且不能设成统一大小。

目前，已经有许多方法可以对纹理进行度量，但其大多依赖于统计测量，然而 ICM 却不同，对于更高阶系统也能提取纹理的相关信息。

图 5.1 中所示为两种不同的布料纹理[54]。尽管像素灰度值在一个局部范围内变化，但整体上看纹理是不变的。

最简单的纹理度量方法之一是只度量纹理的统计特性，如均值、方差(和变异系数)、倾斜度和峰度等。向量的均值定义如下：

$$m = \frac{1}{N} \sum_{i=1}^{N} x_i \tag{5.1}$$

方差和变异系数分别定义为：

---

[*] Guisong Wang 为本章提供了大量材料，作者在这里对他的贡献表示衷心的感谢。

图 5.1　纹理样例

$$s = \frac{N \sum_{i=1}^{N} x_i^2 - m^2}{n(n-1)} \tag{5.2}$$

$$cv = s/m \tag{5.3}$$

倾斜度和峰度是更高阶的量度,分别定义为,

$$\tau = \frac{N}{(N-1)(N-2)} \sum_{i=1}^{N} \left(\frac{x_i - m}{s}\right)^3 \tag{5.4}$$

$$k = \frac{N(N+1)}{(N-1)(N-2)(N-3)} \sum_{i=1}^{N} \left(\frac{x_i - m}{s}\right)^4 - \frac{3(N-1)^2}{(N-2)(N-3)} \tag{5.5}$$

对于如图 5.1 所示简单图像,根据这些指标来测量和区分纹理就足够了。这两幅简单图像的各种度量值如表 5.1 所示。

然而,实际问题是图像中一般不只含有一种纹理,很多时候要求在纹理边界未知而需要加以确定的情况下根据图像的纹理对图像进行分割。

图 5.2 显示的是一幅含有多种纹理的分泌物的细胞切片图像,根据其固有纹理对这幅图像进行分割是纹理分析的一个典型应用实例。

表 5.1　一阶纹理度量值

	纹理 1	纹理 2
2 均值	0.492	0.596
方差	0.299	0.385
方差	0.607	0.647
倾斜度	0.032	-0.058
峰度	0.783	0.142

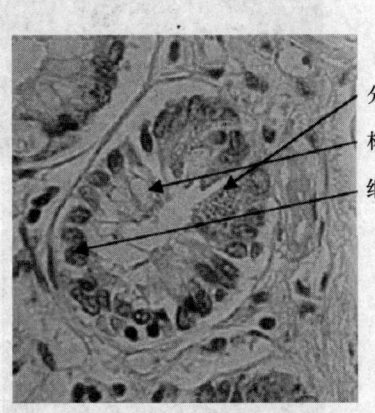

图 5.2　细胞切片

应用 ICM 提取纹理信息,就是在所有的迭代中对每个像素提取数据。由于纹理是定义在一个区域中而非单个像素上,故在纹理提取前首先要对脉冲图像进行平滑处理,以方便纹理提取和噪声抑制。(i,j)位置处的信息确定了该位置的脉冲谱,其定义为:

$$p_{i,j}[n] = M\{Y\}_{i,j}[n] \tag{5.6}$$

其中,函数 $M\{\}$ 是对脉冲图像进行平滑处理的算子,平滑的目的是让某个纹理范围内的所有脉冲谱都相似。如图 5.3 和 5.4 所示为一幅输入图像及其对应的几幅脉冲图像。相似的纹理在相似迭代次数时激发神经元输出脉冲。

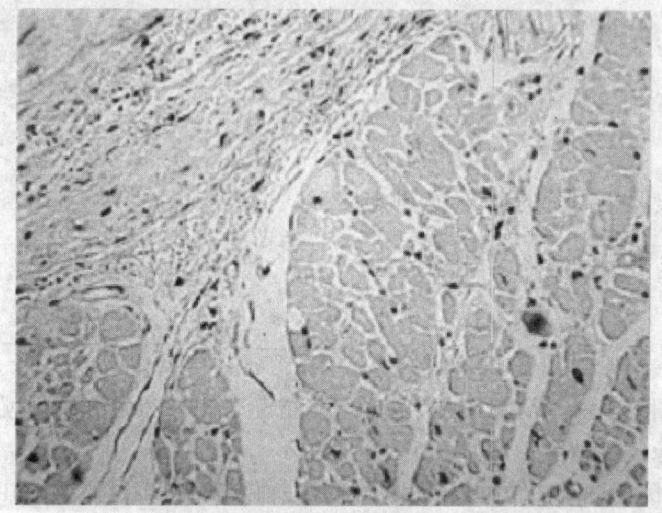

图 5.3 一幅样图

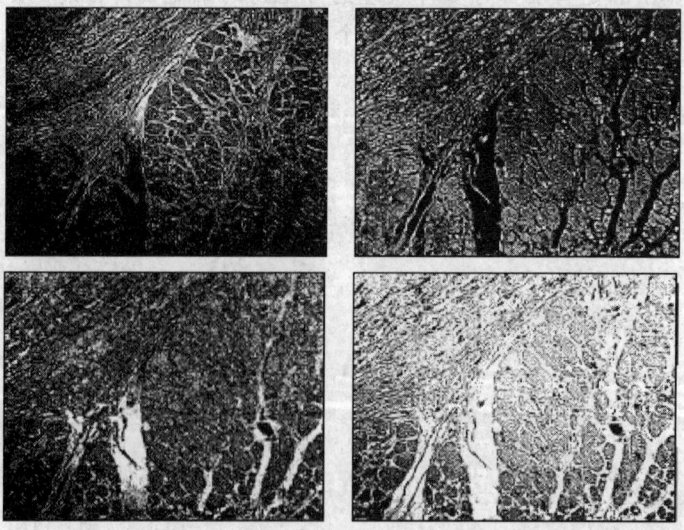

图 5.4 $n=1$、$n=2$、$n=8$ 及 $n=9$ 时的脉冲图像

这里只给出不同迭代次数时输出的许多脉冲图像中的 4 幅。这里选择的最大迭代次数为 20。

现以标准纹理(类似于图 5.1)分析为例,将脉冲谱方法与其它方法进行比较。具体的方法如下所列,这里不再赘述。

- 自相关法[Autocorrelation (ACF)] [53,56]
- 共生矩阵法(Co-occurrence Matrices, CM) [47,48]
- 边缘频率法(Edge Frequency, EF) [53,56]
- 模板滤波法(Law's Masks, LM) [51]
- 行程法(Run Length, RL) [53,56]
- 二元叠加法(Binary Stack Method, BSM) [45,46]
- 纹理算子法(Texture Operators, TO) [57]
- 纹理谱法(Texture Spectrum, TS) [49]

针对标准纹理数据库中的纹理,文献[55]对上述所列所有方法的性能进行了比较。实验中先对除了其中一幅图像外的所有图像进行训练,然后将未训练的图像用于测试。分别使用每一幅图像作为未训练的图像重复测试多次。反复使用 k-最近邻(k-nearest neighbors)算法,对于不同的 k 值识别结果如表 5.2 所示。表中最上面一行加入了使用 ICM 进行纹理识别的方法。从表 5.2 可以看出,这种方法优于其它算法。

表 5.2 不同纹理模型的识别率

纹理分析方法	$K=1$	$K=3$	$K=5$	$K=7$	$K=9$
ICM	94.8%	94.2%	93.9%	92.1%	91%
ACF	79.3%	78.2%	77.4%	77.5%	78.8%
CM	83.5%	84.1%	83.8%	82.9%	81.3%
EF	69%	69%	69.3%	69.7%	71.3%
LM	63.3%	67.8%	69.9%	70.9%	69.8%
RL	45.3%	46.1%	46.5%	51.1%	51.9%
BSM	92.9%	93.1%	93%	91.9%	91.2%
TO	94.6%	93.6%	94.1%	93.6%	94%
TS	68.3%	67.3%	67.9%	68.5%	68.1%

5.2 谱的统计分离

我们面临的实际任务是度量如图 5.2 所示的复杂图像的纹理。要完成这项任务就需要将不同纹理的谱区分开来。这意味着一个纹理区域内的谱必须是相似的,并且区别于其它区域的谱。

为了说明这个问题,我们以图 5.2 所选定的三个区域进行实验。这幅图像是 700×700 像素的,图中标示出的所选定区域的大小为 10×10。每个纹理区域谱的平均值和标准差如图 5.5 所示。

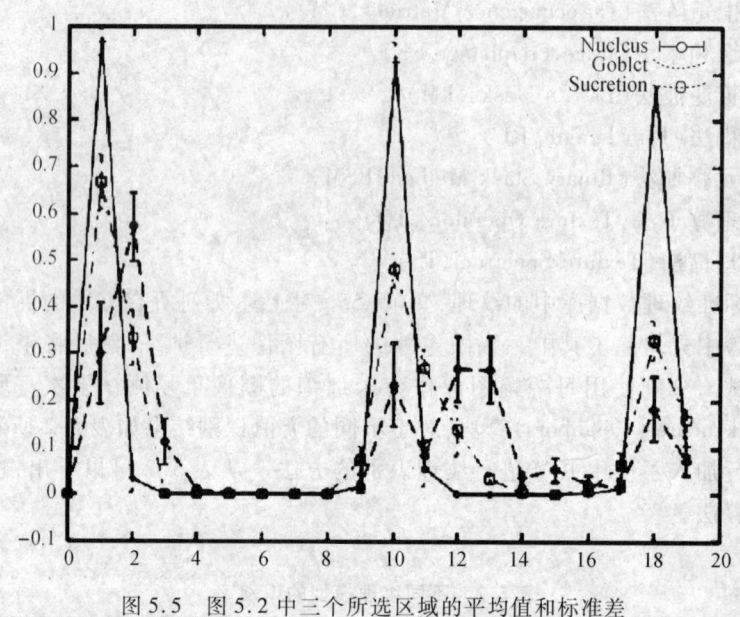

图 5.5　图 5.2 中三个所选区域的平均值和标准差

我们需要的是让每个平均签名与其它的显著不同,同时具有较小的标准差。最主要的是它们的误差图不能重叠。显然,在这种情况下可以使用 ICM 进行纹理区分。

5.3　利用统计方法的识别

对同一图像内的不同纹理区域进行分类的一种简单方法就是将一个脉冲谱与库中所有的平均谱进行比较。这个库由专门的训练区域(如图 5.5)的平均谱组成。这类似于多光谱图像的识别过程。

图像中的每一个像素都有一个脉冲谱,且它可以与库中的谱进行比较。然后根据库中的哪个元素与该像素的谱最相似,对这个像素进行分类。如果像素的谱与库中的任何谱都不相似,那么该像素就被视为未知类。对于这个例子,输入谱与数据库中的谱之间的标准差在某个范围内时,这两个谱才被认为是相似的。这种度量不包括接近 0 的谱成员。一般来说,如果图像中像素的谱定义为 d_i,其中,$i = 1, 2, \cdots, 20$(ICM 的迭代次数)。谱库由一组平均谱 m_i^k 组成,其中,k 为库中向量数的索引值。对于库中每一个成员,其平均谱也存在标准差 σ_i^k。对于所有的 $d_i > \varepsilon$ 的情况,满足

$$|d_i - m_i^k| < \sigma_i^k \tag{5.7}$$

时,脉冲谱就认为是接近的。其中,ε 是一个大于 0 的很小的数。

利用这种度量,图 5.2 中被分为属于细胞核(nucleus)类的像素如图 5.6(a)所示(黑色像素)。图 5.6(b)中显示的是被归为分泌腺(secretion)类的像素,图 5.6(c)中则显示的是被归为杯状细胞(goblet)类的像素。

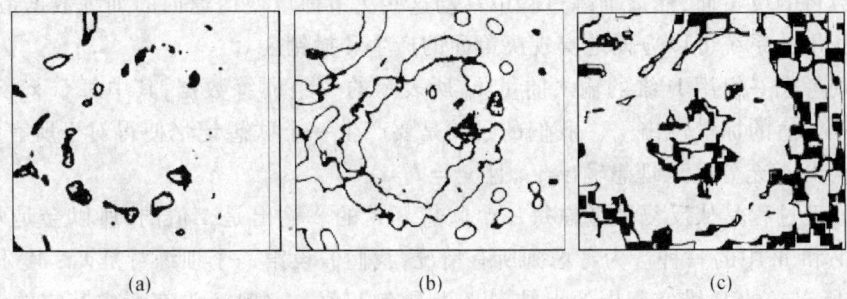

图 5.6 细胞核、分泌腺和杯状细胞像素纹理的分类

在这个例子中许多像素被正确分类。然而,仍然有许多被误分了。原因之一是,这些被误分区域的纹理与目标区域的纹理非常相似。例如,大细胞外面的许多细胞核和细胞内部的细胞核具有相似的纹理。同样地,杯状细胞与细胞外部许多区域具有相似的纹理。这种很强的相似性使得分类成为一个难以解决的问题。

导致误分的另一个原因是相似类的区域纹理总是或多或少有些不同。这里,大细胞内部的各个细胞核的纹理是不同的。

不过,常见的问题却是目标区域之间的纹理差异要超过非目标区域与目标区域之间的纹理差异。如果不是这样,问题将很容易解决。

在这种情况下,上面的分类系统就不能胜任了。换句话说,谱之间的统计比较不能区分目标谱和非目标谱。显然,这还需要一种更稳健有效的区分算法。

5.4 通过联想记忆的脉冲谱识别

以前的识别系统不能完全识别纹理的原因有两个。第一是纹理提取方法不适当。第二是对所提取纹理进行决策处理的过程不够恰当。以前的识别系统只简单地比较纹理的统计量就作出判断。然而,如果遇到含有多种纹理的情况,那么这种决策方法便不能作出正确判断了。因此,我们用一种更强大的决策机制来解决这个问题。

可供使用的联想记忆有很多种。当然,一个最优系统往往是采用多种联想记

忆结合的方式。这里的目的是要说明 ICM 能够从一幅图像中提取出足够的信息，因此只需要考虑一种联想记忆方法就够了。如果 ICM 与联想记忆的结合能够胜任图像分类任务，那么就能得到这样的结论：ICM 可以从一幅图像中充分地提取出纹理信息。

这里所使用的联想记忆法是一种简单的快速而有效的贪婪算法[50]。基本原理是根据需要产生和删除简单决策面。然而，这些决策面是决不移动的。这跟神经网络的原理不同。神经网络通过在训练开始时定义隐含层神经元的数目来确定一定数目的决策面，然后训练过程中移动这些决策面以使得返回的训练数据最优。这里所用的系统可以方便地实现决策面的产生和撤销。

现考虑一组用 D 维的输入向量 x_n 所表示的一组训练数据，其中每个 x_n 对应于一个二值的标量输出 y_n。我们的目的是要产生一个联想记忆使得对于所有的 n 系统输出 y_n' 充分接近理想输出 y_n，且 $y_n' = F\{x_n\}$。

处理过程是从反复地考虑每一个联想开始的。输出是二值的，所以会是两种状态 V 和 W 中的一种。为考虑到所有情况，我们假设第一个训练对是 $x_1:V$。因此由 x_1 所定义的 D 维空间中的点被定义为具有 V 值。这时还没有考虑其它的训练对，所以我们可以说 D 维空间中的所有点的值都是 V。由于没有任何其它值存在的信息，因此这是可行的。如果要考虑的下一个训练对是 $x_2:V$，那么这与我们的结论一致，因此就没有必要再训练。

然而，如果数据集中的第二个训练对是 $x_2:W$，这就违背了我们的结论。现在，D 维空间有两个具有不同值的点。没有任何其它先验信息的情况下这两点之间的空间就被一个决策平面分开了。在决策平面 x_1 一侧的任意点的值都被认为是 V，在另外一侧的任意点的值都被认为是 W。这样，就加入了一个决策面。

考虑数据集中的每个训练对，如果它违背了系统目前的状态，那么在它和其它训练点之间加入决策面是必要的。新的决策面的加入可能会代替先前的决策面。例如，考虑这种情况：一个决策面将 x_1 和 x_2 划分开，之后加入第二个决策面以划分 x_1 和 x_3。然而，第二个决策面也划分了 x_1 和 x_2。因此，不再需要第一个决策面，可以将其移除。

这个过程一直进行到每个训练数据对都处理一遍为止。处理完成时系统将能够准确地记住每一个训练数据对。这个记忆系统仅仅考虑了一个输入向量 x 并决定它在每个决策面的哪一侧。然后这个信息与每个训练向量的信息相比较，根据与其有类似决策的训练向量就可以将输入分类。

对于纹理应用，输入向量是脉冲谱，输出是说明该谱是否属于一个类。这是二元决策问题。因此，如果存在 N 个类，那么就需要 N 个联想记忆，因为每个联想记忆只能说明一个点是否属于一个类。

这里还是采用了统计例子中用于训练的像素。图 5.7 显示分泌腺类中像素的分类情况。所有的白像素都属于这个类，所有的灰色像素都不属于这个类，而且所有的黑像素未定义。在这种情况下输入到联想记忆中的向量作出了一组与任何训练向量都不够相似的决策。

图 5.8 包含对杯状细胞类像素的分类。这种情况下,许多像素被分为未知类,不过,杯状细胞像素被准确分类。

在这里我们再次强调 ICM 具有从一幅图像中提取纹理信息的能力。它并不需要建立一个完美的纹理识别机制。显然,对于图 5.7 和图 5.8 来说,大部分像素被正确分类,因此表示出了纹理信息。

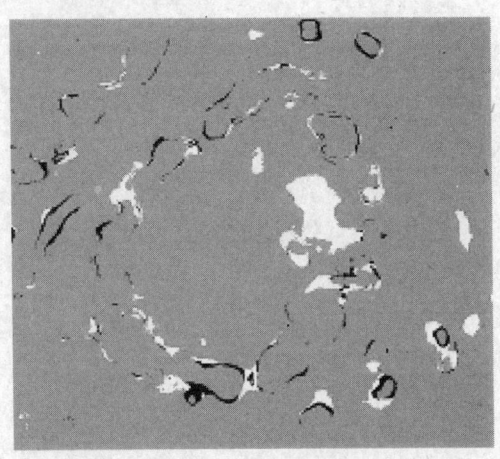

图 5.7　分泌腺类像素的分类

图 5.8　杯状细胞类像素的分类

5.5 小结

对于一幅输入图像，ICM 将输出一组脉冲图像，这些脉冲模式取决于图像的纹理。因此，ICM 可以从脉冲图像中提取出纹理信息。这可通过提取图像中每个像素的脉冲谱来实现。与多谱图像识别系统中所用的方法相类似，根据纹理不同，可使用脉冲谱对像素进行分类。

第6章 图像签名

随着数码照相技术的发展,数字图像在人们日常生活中已随处可见。因此,必须用一种简洁而有效的方式来描述图像的内容。这种描述方式必须包含图像的内容信息而不仅仅是对像素的统计描述。

研究人员对小型哺乳动物大脑活动的测定表明:在大脑中,图像信息被转换成为由输入激励形状决定的小幅度的一维信号。这就极大减少了用于表示输入图像的数据量,进而使得后续处理更加容易。

在这里,我们的目标就是要研究出一个能将图像信息压缩成一个图像签名的数字系统,同时要求该签名必须依赖于图像内容。从而,两个相似的签名就表明其对应的两幅图像具有相似的内容。一旦构建了这种系统,人们就很容易构造出一个新的图像搜索引擎。它能够迅速找出与检索签名相似的所有图像签名(image signatures),从而也就可以找出与检索图像内容相似的所有图像。

实际上,基于PCNN和ICM模型的图像签名方法很久以前就被提出来了。本章将详细介绍关于这方面研究的现状。

6.1 图像签名理论

图像签名思想来源于McClurken[59]等人所作的生物学研究。他们研究了短尾猿脑神经网络对棋盘格图像的响应,发现其脑神经能产生很小的且与输入激励相对应的响应模式。另外,他们还研究了色彩激励时其脑神经产生的响应。当色彩与图案共同激励时,产生的签名是该图案签名与色彩签名的乘积。

对图像搜索来说,将图像转换成数据量很小的签名是非常必要的。原因有两个,一个原因是图像占用大量的存储资源。尽管JPEG可以提供10倍左右的压缩比,但对大型图像数据库来说还是显得不够,例如:一个包含10 000张512×512大小的彩色图像数据库仍然会占用几十亿字节的空间。这对于如今大容量硬盘技术来说尽管是可以实现的,但要读取、解压和处理这样大的数据信息还是要花费很长时间的。而图像签名恰好可以为图像数据的表示提供一种有效的描述方法。另一个原因就是处理图像签名的速度极快。

6.1.1 PCNN 和图像签名

Johnson[16]首先提出了用 PCNN 来产生图像签名的思想。他在其实验研究中使用了两个具有相同周长和面积的目标,进一步通过对目标进行旋转、平移、尺度变换、扭曲等操作产生多幅图像。研究发现,经过 PCNN 多次迭代运算后,激发兴奋产生脉冲序列将出现周期性重复,即使是输入目标发生一些改变,但其影响却微乎其微。因此,通过检测这种周期性的整体脉冲发放行为来决定哪种形状是在输入空间中的方法是可行的。

这个实验对于没有背景的单个物体能够取得很好的效果。但是该方法带来的问题也随之而来。第一,它需要成百上千次的 PCNN 迭代,这是非常耗时的。第二,当加入背景时这种签名就会发生明显变化。此时用这种签名决定输入目标不再可行。

很明显,这是由干扰引起的(见 2.2.3 小节)。在图像中当位于目标物体处的神经元显著改变位于另一个目标物体处的神经元激发兴奋时就会产生干扰。因此,背景的加入,尤其是亮背景的加入将会显著改变位于目标物体处的神经元激发状态,从而也就改变了图像签名。在 2.2.3 小节中我们已经分析了该现象,背景的加入显著改变了位于那朵花处的神经元脉冲发放状态。

解决这种干扰的方法是改变神经元间的连接方式。正因为如此,ICM 采用了更为复杂的方案,即连接方式在每次迭代过程中都要发生改变。通过这种修改使得目标区域内的神经元将不会受到背景的干扰,从而从签名中更容易确定目标是否存在。

Johnson 的图像签名不过是 PCNN 每次迭代运算输出脉冲之和。

$$G[n] = \sum_{i,j} Y_{i,j}[n] \qquad (6.1)$$

对于这种方法还有几点要注意。第一是如果目标只占输入空间的 20%,那么目标的签名也只占总的签名的 20%。因此,目标签名可能淹没在更大的背景签名中。第二点要注意的是不同形状的物体可能产生相同的签名。

由第二个注意事项可知,必须在签名中加入另一部分来描述形状信息。这是因为,式(6.1)签名描绘的是神经元激发兴奋区域的面积,而面积是不能表示形状信息的。所以,对于目标识别而言,在签名中加入另一部分是非常重要的。加入的这部分信息高度依赖于目标的形状[58]。该附加成分是:

$$G[n+N] = \sum_{i,j} Z\{Y[n]\}_{i,j} \qquad (6.2)$$

其中,N 是总的迭代次数,$Z\{\}$ 是一个边缘增强函数。一般地,第二部分就是对神经元激发兴奋区域边缘处的神经元进行的计数。

因此,灰度图像签名的长度将是 ICM 迭代次数的两倍。通常,迭代次数 N 的范围是 15~25,因此签名长度最大是 50 个整数。这就显著减少了表示一幅图像所需要的信息数量。本书后面部分将给出利用这种签名所得到结果。

6.1.2 颜色与形状

图像形状：image shape。

另一个需要急切关注的问题是颜色。如今大多数照片都包含3个彩色分量[RGB三基色(红、绿、蓝)]，当然我们也可以建立一个三通道ICM模型。但是，实验表明这种方式并不适于彩色信息处理。那么问题是：图像中最重要的部分到底是什么呢？显然这是由特定的应用来决定的。就建立一个存放普通照片的图像数据库来说，最重要的信息就是包含在图像里的形状信息。在此情况下，形状信息远比色彩信息重要。因此，一种做法是在输入ICM模型之前首先将彩色图像转换成灰度图像。这样做的理由是签名代表的是图像中的形状信息而非形状的颜色信息。不过，关于在签名中是否使用色彩信息至今仍是一个争论的话题。

6.2 目标签名

最理想的签名对目标形状而言应当是唯一的，而对目标在图像中的位置或者目标在平面内旋转等变化而言则应当是不变的。实际上这是很难实现的，因为用于描述目标的数据量的急剧减少很容易导致两个本不相同的目标却具有相似的签名。

图6.1和6.2是两个截然不同人物的图像，我们先用式(6.1)和式(6.2)，来计算各自的签名，如图6.3曲线所示，其中标注了黑色小方块的曲线为图6.2的签名。因为式(6.1)和式(6.2)与位置和旋转情况无关，所以图像的移动与旋转不会显著改变它们的签名。

图6.1 输入图像1

图6.2 输入图像2

将两个目标合到同一幅图像中产生的签名是这两个目标各自签名的和。图 6.4 的签名是图 6.3 两个签名之和,该签名是将两个目标合到一幅图像中产生的新签名。

同一幅图像中两个目标的签名与这两个目标的签名的和相同,如图 6.4 所示,这看起来可能没什么价值,但这却是一个相当重要的性质。因为如果这个性质不成立,目标识别就会失效。这是最初 PCNN 签名的实例。

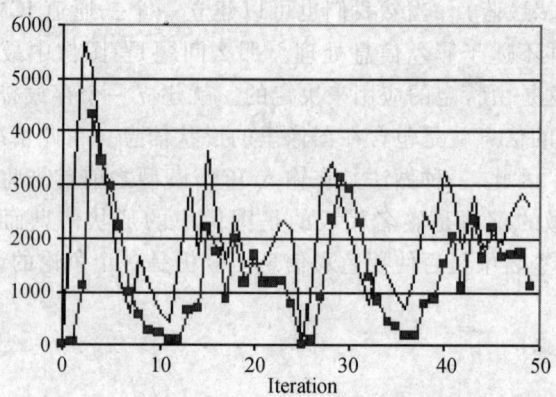

图 6.3 图 6.1 和图 6.2 中目标各自的签名

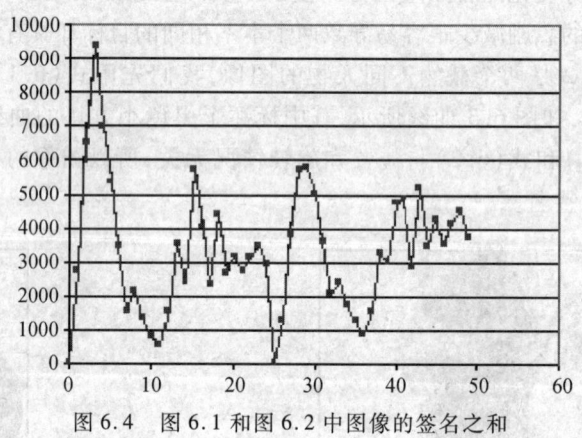

图 6.4 图 6.1 和图 6.2 中图像的签名之和

6.3 真实图像的签名

背景的存在使得签名方法的性能变差。目前新的签名方法已经消除了这种干扰影响,但人们还在继续讨论签名是否可以从实际的图像中识别出一个目标。图 6.5 所示的是图像的"背景",图 6.6 所示的是粘贴在背景上的小贩(目标)。

要确定识别物体能力,就要研究这两幅图像的签名。其基本原理是不同目标的签名是相加的。因此,G[照片] = G[背景] + G[小贩] + G[被人挡住的背景]。我们期望背景签名与小贩签名的和应该与图 6.6 的签名基本相同。它们的差应该是被小贩挡住的那部分背景所产生的签名。

图 6.7 表示小贩的签名以及图 6.5 和图 6.6 中的两幅图像的签名之差。如果这两个图相似,目标就能被识别出来。在背景可以预测的情况下,可以估计出 G (被人挡住的背景)。

图 6.5 背景

图 6.6 背景与小贩

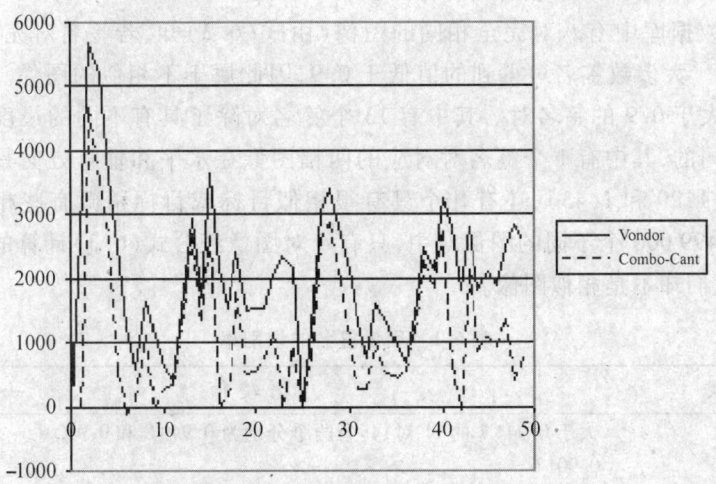

图 6.7 小贩的签名(图 6.1)与图 6.5、图 6.6 签名之差(这两个签名的类似性表明可用于目标识别的可能性)

6.4 图像签名数据库

签名数据库:Signature Database。

图像签名的另一个应用是从图像数据库中快速检索图像。图像签名比原始图像更易于实现比较算法,这是由于图像签名的数据量比原始图像少得多。因此,签名可以通过简单的算法来比较(比如相减),并且该签名具有平移不变性、旋转不变性、尺度不变性。若对原始图像进行比较运算,就非常复杂了。

从网上随机下载 1 000 幅图像组成一个小图像库。该图像库包含不同质量的多种类型的图像。然而,因为同一个网页可能有几张说明同一个话题的图像,所以数据库中会包含一系列相似的图像,甚至会有若干张一样的图像或大小不同内容一致的图像。对图像的唯一的限制条件就是图像必须具有足够大的尺寸(要大于 100×100 像素)和较大的灰度变化范围(应避免使用横幅广告图像)。

为了不保留原始图像,数据库本身应由签名、原始图像的 URL 和检索数据组成。除了少数 URL 非常长外,保存一幅图像需要的字节数不超过 200 个字节。

通过归一化相减就可以实现签名的比较。因此,签名 G_q 和 G_p 的相似性可用下式计算:

$$a = 1.0 - \sum_n |(\|G_p[n]\| - \|G_q[n]\|)| \qquad (6.3)$$

这里对图像签名进行规一化的目的是为了消除"尺寸"对签名的影响。

所有可能的签名对都要进行相似度比较计算。因为数据库中有 1000 幅图像,所以应该约有 499 000 个不同的签名对(除去自配对的情况)。我们需要找出其中的最大相似值,并人工比较各个图像对。

在此数据库中有八对完全相同的图像(由式(6.3)知,若签名对完全一样,其值应为 1)。大多数签名对得到的值低于 0.9,因此属于不相似的图像。表 6.1 列出了所有大于 0.9 的签名对。其中有 13 个签名对除了具有不同的尺度因子外图像都是相同的,其中有 1 个签名对对应的两幅图像在水平和垂直方向具有不同的尺度伸缩(1.29 和 1.43),还有几个具有很相似目标或目标稍微有些相似的图像对。在这 499 000 个不同的图像对中,只有 4 对图像经公式(6.3)计算的结果数值很大,但他们却不是相似图像。

表 6.1 图像签名的识别率

种 类	比 较 值
不同尺寸	大于 0.944 7 的 11 对,其余两个分别为 0.940 8 和 0.912 6
不同视角	0.901 6
相似目标	0.933 8, 0.917 5, 0.916 3, 0.911 7, 0.909 9, 0.908 5, 0.908 1
稍微相似目标	0.922 3, 0.912 3, 0.911 7, 0.900 8, 0.908 3, 0.907 7, 0.906 5, 0.906 2
不匹配的大的比较值	0.943 3, 0.920 4, 0.912 0, 0.908 8

从其余的图像对中分离出完美匹配的、不同尺寸的和相似目标的图像对是完全可以的。只不过由于实验太耗时,所以没有进行详尽研究。

6.5 计算最佳视角

Nils Zetterlund

图像签名还有一个应用就是为三维目标找出一个最佳视角(Optimal Viewing Angle)。例如,如果我们希望在路边放置一个照相机来拍摄汽车照片,那么就要问:把照相机放在哪个位置最合适?从既定高度与视角能否观测到行驶的汽车?

为了解决这个问题,我们可考虑多辆汽车所有可能的视角。那么我们将先要确定一个定义"最佳视角"的标准。首先遇到的问题就是数据量大。假设照相机可以拍摄 480×640 大小的彩色图像,每一幅图像有 921 600 个像素。如果我们将这个物体沿一个轴旋转并且每隔 5°拍一张照片,那么将产生 72 张,每张具有 900k 个像素的照片。如果这个物体绕三个轴旋转且每旋转 5°拍一张照片,那么将会产生大约 $3.4 \times e^{11}$ 个像素的信息。显然,我们不能够直接简单地比较从不同视角获得的图像。

由于图像签名能够较大地缩减待处理信息的数据量,从而可以用签名来确定最佳视角。

在本次试验中,我们使用两个如图 6.8 所示的汽车作为目标。每辆汽车绕垂直轴旋转,每隔 5°拍摄一张照片并计算其签名。

图 6.8 两辆汽车的数字模型

为了使得计算出来的签名有效,汽车必须从一个角度平稳地过渡到另一个角度。也就是说随着角度的增加签名中的每个元素不能没有规律地变化。因此,在稀疏抽样的情况下,我们应该能预测签名中的元素值。

由每隔 30°获得的图像签名可组成一个抽样集。该集合记为 $G_{b,\theta,n}$,其中 b 是种类(公共汽车或是小汽车),Θ是视角,n是元素索引。如果知道Θ = 0, 30, 60, ⋯时的集合G,是否可以预测出$\Theta \neq$ 0, 30, 60, ⋯时的G值呢?这里,可以利用高斯插值函数对中间的G值进行预测。图6.9、图6.10和图6.11是当n为不同常数时G的实际测量值和估计值。这种估计结果表明中间元素在一定程度上是可以预测的。从而证实可以使用签名来表示视角信息。

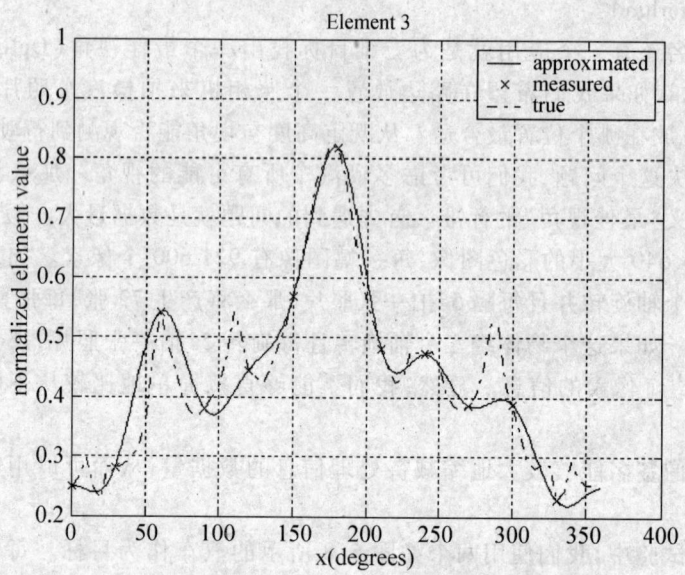

图6.9 n = 3时实际签名和估计签名

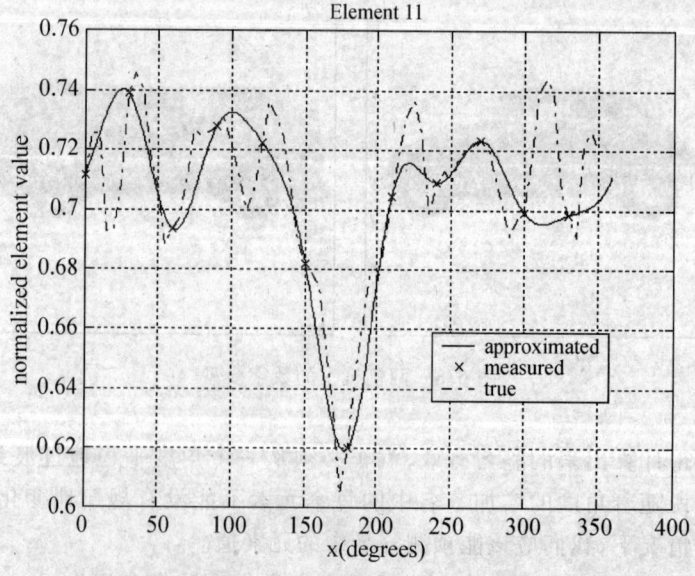

图6.10 n = 11时实际签名和估计签名

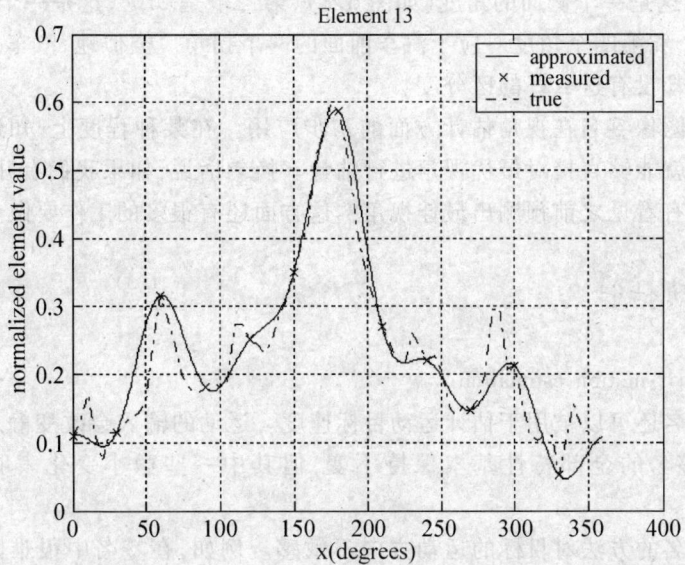

图 6.11 $n=13$ 时实际签名和估计签名

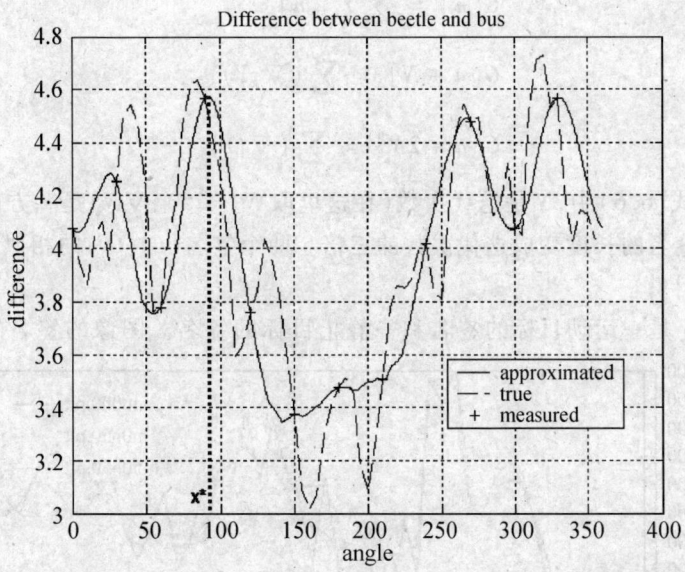

图 6.12 两个目标之间的一阶差

下一步就是比较两辆汽车的签名以找出一个最优的视角。换句话说就是,我们要找出一个能够最好地区分这两辆汽车的视角。这个视角使两辆汽车的签名区别最大。图 6.12 表示的是两辆汽车各自的签名之差,这里所示的是分别为 5°和 30°时的情况。事实上我们可以看出有 4 个角度可以很好地区分这两辆汽车。第一个是 90°,这是一个侧面的角度(如图 6.8),第二个是 270°,这是一个 90°对面的角度,第三个和第四个角度对应于汽车前面的两个拐角。类似地,汽车正前方或正后方的视角却没有这么好的区分度。

这只是图像签名在视角估计方面的初步应用。在某种程度上,知道了图像签名中的元素就能够直接对最优视角进行估计。换句话说,如果我们有几个视角,我们能否在没有看见之前预测出最佳视角?这方面还有很多的工作要做。

6.6 运动估计

运动估计:motion estimation。

图像签名还可以被用于估计运动目标速度。运动的输入会改变静止目标的签名。此时,签名的全部特性基本保持不变,但其中一些微小变化表明目标是运动的。

计算签名的方法对目标的运动方向不敏感。例如,在签名中很难区分同一目标是沿 $-x$ 方向运动还是 $+x$ 方向运动。因此,我们要修改签名的计算方式以使其对方向敏感。

$$G[n] = \sum_{i,j} Y_{i,j}[n] \tag{6.4}$$

$$G[n+N] = \sum_{i,j} (\nabla_x Y)_{i,j} \tag{6.5}$$

$$G[n+2N] = \sum_{i,j} (\nabla_y Y)_{i,j} \tag{6.6}$$

式(6.4)至式(6.6)中,N 是迭代次数(在这里取 $N=25$),∇N_x 是 x 方向的空间导数。因此,签名的长度变成迭代次数的三倍。两个签名(G_p,G_q)的相似度量比较值用式(6.3)计算。

图 6.13 是一运动目标的签名和一静止目标的签名。图像的签名的改变与目

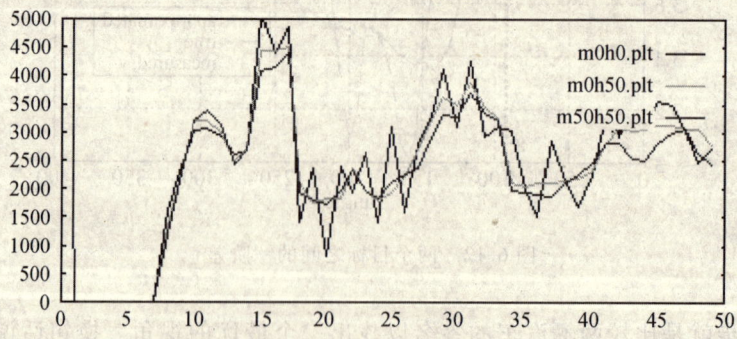

图 6.13 一个静止物体的签名及同一物体以速度 (0,50) 和 (50,50) 运动的签名

标的速度、运动方向和形状都有关系。

运动目标的签名可以用式(6.3)来计算。考虑到一个物体能够在二维空间以确定速度运动,我们可以构建一个速度空间 R^2,并将所有可能速度的签名与静止目标的签名相比较,结果如图 6.14 所示,其中曲线表示速度差 Dv 的相似值。

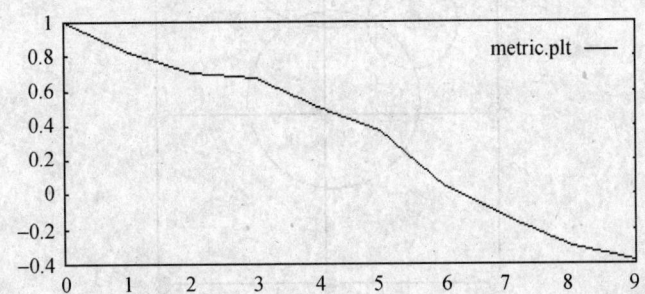

图 6.14 以不同速度运动的物体与静态下物体签名的比较(沿着 x 轴速度增加且 $x=9$ 时速度为$(0,45)$)

这里把图 6.14 中的这些曲线称为 iso–Dv 曲线,该曲线可以描述速度差常数。当然,停车时的速度(anchor velocity)不一定是 $v=0$。我们可以将空间中的所有速度和任何单个速度进行比较。如果 iso–Dv 值只取决于速度的差,那么这些曲线就是圆。不过,它们同样依赖于目标的形状。因此,对于单个目标来说,我们希望不同的 iso–Dv 具有相似的形状。随着 Dv 的增加,iso–Dv 曲线将会变得不完整,因此存在一个有效半径,或是关于多大的 Dv 才使式(6.3)有效的一个限制。

现在如果物体运动的速度 $v_?$ 未知,我们的任务就是要利用图像签名来估计速度值。如果我们将 $v_?$ 和一个足够接近 $v_?$ 的速度 v_{x1} 相比较,那么从式(6.3)可以计算出一个值。然而,这种计算值不能唯一地确定 $v_?$。计算出的值定义了一个围绕着 v_{x1} 的一条 iso–Dv 曲线。如果我们将 $v_?$ 的签名和两个其它的速度 v_{x2} 和 v_{x3} 相比较,那么三个 iso–Dv 曲线将会交于一个位置。这种三角测量法如图 6.15 所示。$v_?$ 的估计值是 R^v 空间中三条 iso–Dv 曲线的相交点。

唯一要注意的是 v_{x1}、v_{x2} 和 v_{x3} 必须足够接近 $v_?$。因为 $v_?$ 是未知的,所以要定义 v_{x1},v_{x2} 和 v_{x3} 是不可能的。要解决这个问题需要考虑许多已标定位值点的速度。在实验中使用了均匀分布于 R^v 空间的 13 个定位点。$v_?$ 的签名和这些定位点的签名进行了比较。然后使得式(6.3)有最大比较输出的三个点被用于三角测量法中。

例如,R^v 由 100×100 个点构成,静止速度 v_0 位于 $(50, 50)$ 处。最大速度是在每次 ICM 迭代中运动目标的一个像素。R^v 空间中 10000 个点的速度都认为是 $v_?$。在所有情况下这种方法都可以在 $(\pm 1, \pm 1)$ 的精度范围内正确地估计 $v_?$。对于只有一个元素误差的情况 $v_?$ 的签名和正确答案是等价的。因此,在任何情况下都能准确预测速度。

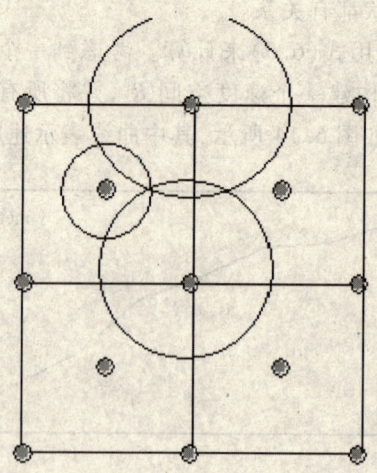

图 6.15 有 13 个稳定点的速度网格图(中间的点 $v=(0,0)$。其中三个圆是未知速度的 iso $-\Delta v$ 曲线。三个圆相交于一个点,这个点就是 v 的估计)

6.7 小结

图像签名能够有效地缩减描述图像所需的数据量,这种基于生物机理的签名对于图像的固有形状而言是唯一的。数据的大量缩减使我们可以构建一个能够进行快速图像匹配的图像数据库。同时,签名也可应用于最佳视角的确定和运动估计等。

第7章 PCNN的各种应用

PCNN和ICM已被证明有很多用途。本章将简单介绍一些应用实例,如PCNN作为凹点检测器检测图像中关注点,求解迷宫问题和图像条形码生成方面的应用。

7.1 凹点检测

人眼并不凝视整幅图像,而是在图像上不断地扫描以获得图像中感兴趣的信息。这种扫描关注区域(即感兴趣区域)的运动就叫做凹(foveation)。图7.1[118]是一个典型凹图样,大多数凹点都集中在图像的边缘和拐角。越多的凹点意味着越多的关注。

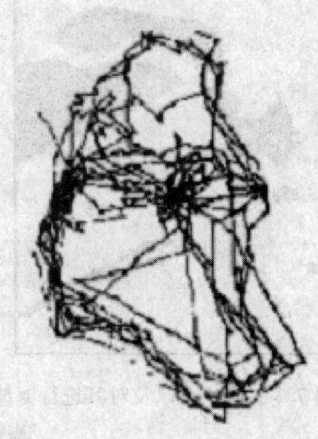

图7.1 典型的凹图样[12,102,118]

一个凹化了的图像可以被定量描述为:在视觉关注区域及附近有丰富且准确的信息,在其它地方则只有较少的信息。这里所使用的"凹"的概念,实际上利用了生物上眼睛的局限性来区分和检测图像中并未直接聚焦的目标。在哺乳动物精神心理学领域,很多图像处理任务时利用感知随着哺乳动物外围视觉场而下降的凹视觉机理,处理效果更好,因为中央凹点处的视觉敏锐度甚至比外围视网膜处高约50倍之多。

7.1.1 凹点检测算法

凹点检测算法主要依赖于 PCNN 的分割能力。PCNN 的分割结果经过滤波以提取凹点,整个系统的流程如图 7.2 所示。一般地,PCNN 产生一系列二值脉冲图像,它们包含对原始图像的一些分割,并且不同图像具备不同的分割结果。这些分割结果经过低通滤波用来增强一些期望的区域。图 7.3 展示了一幅脉冲图像及对其进行滤波以后的结果,滤波使得拐角和较大区域的一些边缘的像素亮度比区域内部的要大得多。中等大小的区域经过滤波后也变成了只有若干个峰的平滑区域,而相对较小的区域则被削弱的微不足道了。至此,凹点区域检测问题已转化为峰值检测。由于每个峰值区域非常平滑,因此问题就变得很简单了。

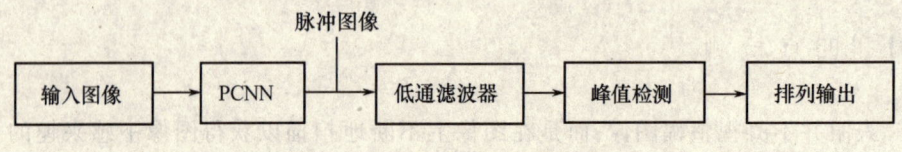

图 7.2 凹点检测系统流程图

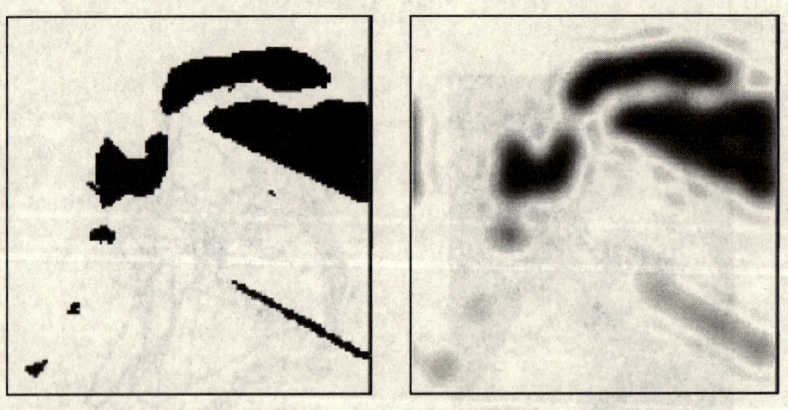

图 7.3 脉冲图像及对其进行滤波以后的图像,其中黑色像素表明具有高的强度

对每幅图像的峰值进行搜索,凡是大于初始峰值幅度的 90% 的峰都保留下来以便后续处理,对此将稍后讨论。

第一个例子是手写字母的凹点检测。手写字母的凹点一般在拐角和连接处,图 7.4 显示了原始字母图像和用 PCNN 检测到的凹点图像。图中标注的数字指的是这些凹点被找出的顺序。

第二个例子应用于图 7.1 的人脸。原始的输入头像是二值图像,但是 PCNN 对二值输入图像的处理效果并不理想。因此对该图像进行平滑操作以便得到其纹理,但是这将会破坏一些诸如眼睛等类似细小的特征。图 7.5 显示了用 PCNN 模

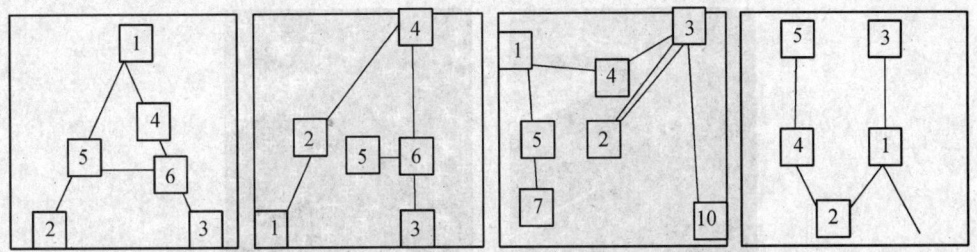

图 7.4 手写体字符(handwritten characters)及 PCNN 模型检测出的凹点

型检测到的凹点,其得到的凹点图样和图 7.1 里的大致相似。同时也应该注意到,PCNN 不能检测出所有的凹点,人眼在识别时是"硬连接"的,并且一幅人脸图像上的凹点并不仅仅只受图像形状影响。尽管这样,人眼识别出来的凹点和用 PCNN 模型计算出来的凹点有较好的相似性。

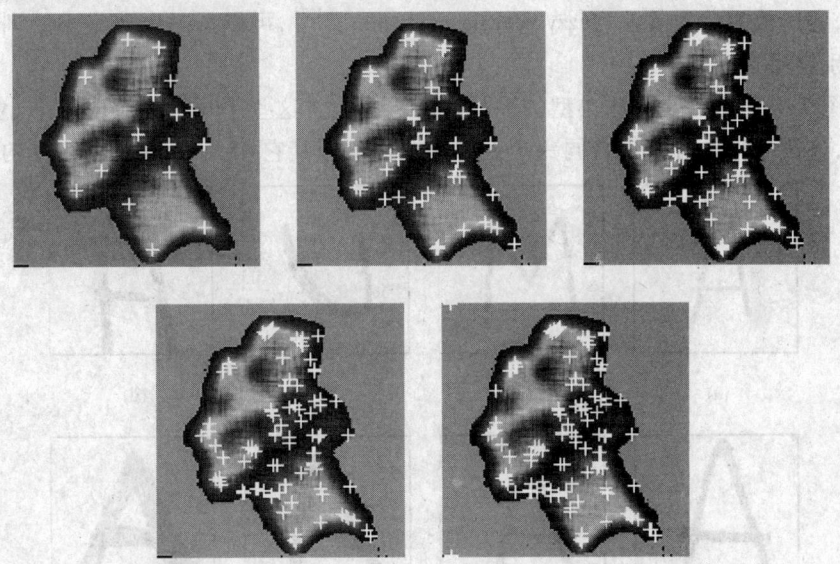

图 7.5 分别经过 10、20、30、40 和 50 次迭代得到的脸部图像的凹点

最后一个例子是计算一个多目标、有噪声和不均匀背景的复杂图像的凹点。原始图像和被检测出的凹点如图 7.6 所示。从图中可以看到,很多凹点是沿着图像中的线条和边缘。另外,一些不太重要的细节,比如车前的栅格和小孩短裤上的一些特征并没有产生凹点。同样值得注意的是,一些低对比度的较大的特征却产生了凹点,比如车保险杠底部和地面之间的边缘。显然,这些凹点和用传统边缘滤波器所检测出的凹点有着很大区别。

然而,很难说哪种凹点是正确的或者是更好地模拟了人眼的特性,但是,PCNN 模型的确在一些期望的区域,如拐角和边缘区域产生了我们希望的凹点。

图 7.6 叠加在"真实的世界"图像中的凹点

7.1.2 基于 PCNN 凹点模型的目标识别

手写字母凹点的检测可以证明基于 PCNN 的凹点系统的性能。PCNN 在视觉关注区域或图像特征中心生成凹点,图像的特征就可通过这些中心点被确定下来,同时,通过模糊分类算法(fuzzy scoring algorithm)[107],可以从一个非常小的训练集中识别出手写字母[108]。

图 7.7 显示的是一些典型的手写字母。我们将这些手写字母组成一个小的数据库,该数据库包含了来自同一个人的 7 个样本和其它 41 个人的三个字母的样本

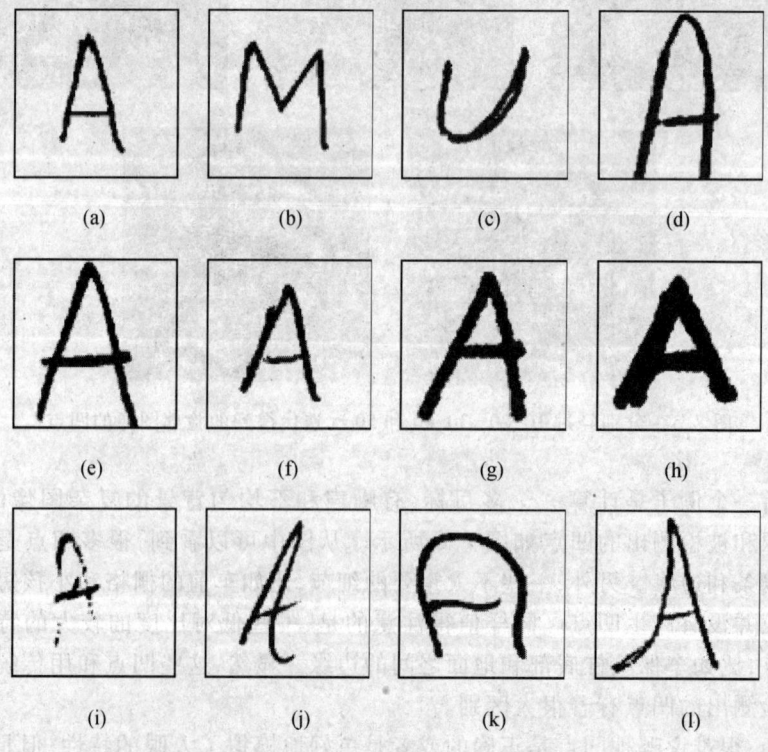

图 7.7 典型的手写字母

(这三个字母分别是 A,M,U)。这些字母的典型的凹点如图 7.4 所示。识别系统的流程见图 7.8。

一旦产生凹点就对其进行桶形移位变换。如图 7.9 为字母 A 和集中在凹点的桶形移位变换,这种失真更强调靠近凹点的信息。概括地说,凹点识别图像的方法主要通过识别这些特征点的过程来实现,同时还结合了识别特征点模糊分类算法。

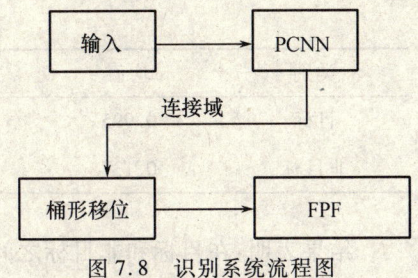

图 7.8 识别系统流程图

特征图像的识别由分数维滤波器来完成[26],这种滤波器是一个能够在区分性和通用性之间进行权衡的综合滤波器,这是一阶滤波器固有的特征。为了表明这种方法对单个特征的识别能力,用 13 幅图像对 FPF 进行训练。这 13 幅图像中有 5 幅图像有目标特征,8 幅是非目标特征。在这个例子中,目标特征是 A 的顶部,如图 7.9(b)所示,非目标是所有其它的特征。

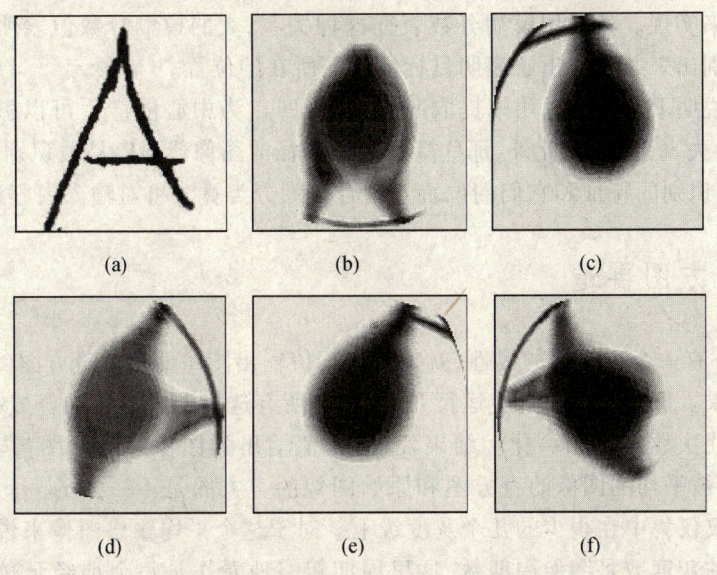

图 7.9 原始字母 A 图像和 5 个基于自然凹点的桶状失真图像

测试结果由三方面来说明,一是衡量滤波器识别目标的能力,二是考察系统对非目标的排斥能力,三则考虑非目标和目标相似(比如字母"M"有两个特征和字母"A"的顶部相似)的情况。记录凹点区域的最大相关性信号,训练 FPF,若为目标,其相关峰值为 1,否则为 0。未经训练的目标和各种非目标的测试结果见表 7.1,相似的非目标如预期的那样产生了较大的相关信号。的确,单个特征并不能唯一地刻画一个目标。字母 M 中相似的特征也产生了较大的相关信号。这就说明,单一的特征并不能足够用于充分的识别目标。

表 7.1 识别率

类别	均值	最小值	最大值	标准方差
目标	0.995	0.338	1.700	0.242
非目标	0.137	0.016	0.360	0.129

结果表明:在目标和非目标之间能很好地分离。然而,有一些目标没有被很好地识别。它们分别是图 7.7(i)、(j)、(k)。图 7.7(i)中,目标质量较差,因此其结果可以理解。相应地,图 7.7(j)中字母"A"的顶部太窄,而图 7.7(k)则是由于字母"A"顶部太圆。最后的这两个特征没有被放入训练特征集,所以没有被识别出来。各种类型的手写字母"A"产生的相关信号大于 0.8,这和非目标是明显不同的。

一些错误的结果对目标的识别并不构成破坏性。按照文献[107]的例子,一组已识别出的特征能被用来帮助识别目标,这可以通过记录彼此之间有关系的相关峰的位置来实现。然后用模糊分数表征这种关系,大的模糊分数值表明这种特征已经被识别出来并且找出了表明目标的特征所在的位置。

以上说明 PCNN 可以用来提取凹点,并以凹点为中心能产生可以引起人眼关注的(桶形失真)图像。此外,那些具备某种特征的图像能很容易被识别,同时也指出,利用被识别的特征和它们的位置并结合模糊分类算法可对输入内容进行判断。

7.2 直方图再造

PCNN 有一个很重要的属性,就是其对均值输出图像的灰度直方图(histogram)的影响效果。假定 PCNN 迭代运行几百次,将所有迭代的输出相加合成一张图像,然后用迭代次数对其归一化。结果发现,均值输出的图像跟原始图像非常相似。但是,这个被平均的图像的直方图和原始图像的直方图是不一样的。此图象的大部分能量仅仅集中在很少的几个灰度级上。对于这个平均输出图像来说,最初,灰度直方图的灰度数是图像周期数,这里周期粗略地看作是每个神经元激发一次的时间,因为对于任何非零图像来说,所有神经元最终都会激发且都会有这种周期。然而,对于这种周期的研究是比较困难的,因为随着迭代次数的增加,这种平均输出图像的灰度分布相对集中,自然其周期将会明显缩短。

我们仍然用图 4.1 所示的吃冰淇淋的小男孩的彩色照片作为输入图像。原始图像三个通道的的灰度直方图如 7.10 示。图 7.11 是迭代 100 次以后的平均输出图像,图 7.12 是对应的三通道的灰度直方图。我们发现这样一个有趣的现象,平均输出图像的直方图的分布呈钟形,这和原始的输入图像的直方图完全不一样。图 7.13 是迭代 1 000 次后的平均输出图像,其对应的直方图如图 7.14 所示。此时,直方图的分布被分割成几个主要的子带。图像的大部分的信息就蕴含在这些子带中。

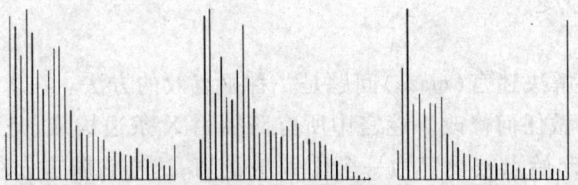

图 7.10　输入图像(图 4.1)的 RGB 直方图

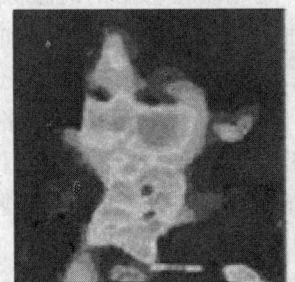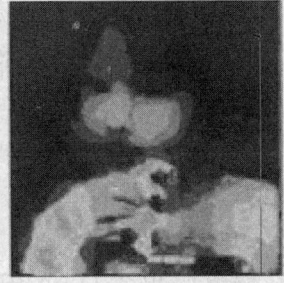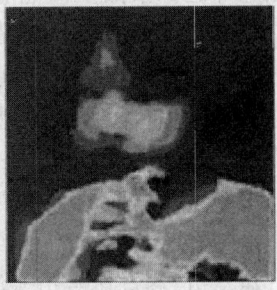

图 7.11　迭代 100 次后输出的 RGB 图像

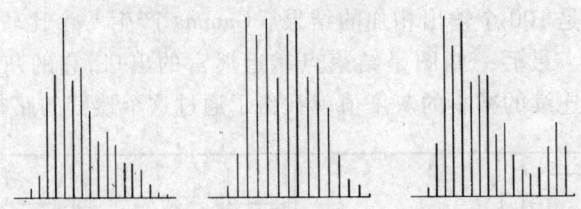

图 7.12　迭代 100 次后输出的 RGB 的直方图

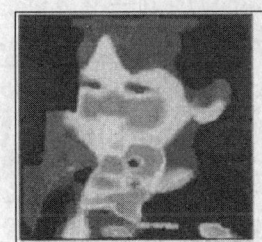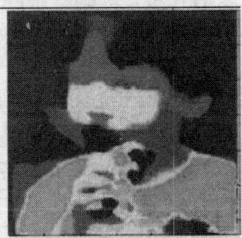

图 7.13　迭代 1 000 次后输出的 RGB 图像

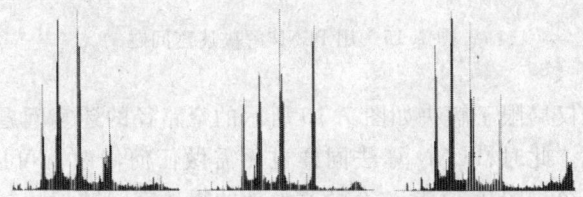

图 7.14　迭代 1 000 次后输出的 RGB 图像的直方图

7.3 迷宫问题

利用 PCNN 解决迷宫(maze)问题是一种很有效的方法。在求解过程中,PCNN 算法本身不需要做任何修改。迷宫中所有路径由 X 条边构成,且其像素的灰度值均为 0。迷宫的起始点被设置为一个比 X 大的值,这样它就首先获得激发。PCNN 迭代进行,自动波遍及每一条路径。X 是一个使得所在像素本身不会激发的值,但是当它邻近像素激发时它将被激发。阈值矩阵的元素值应该在初始的时候大于零。为了寻找最短路径,我们简单地记录每次的脉冲输出 Y,通过一个逐渐增加的因数累加它们的权重。时间平均是容易实现路径回溯,就是按照它的减小的路径,而在累加和里最短路径就是单调增加路径。从结束点开始,按照单调减小的路径可以回溯到起始点,且只有一条这样的路径。其余的路径不满足这样的单调条件,他们可能是一会增加一会减小的。计算量只是依赖于最短路径的长度而与问题的复杂度没有关系。图 7.15 所示为一个迷宫问题示例。左上角的图像就是迷宫,其始点在左边,终点在右边。第二幅图是 50 个 PCNN 在不同时间点上的输出相加的结果,它们互相之间通过前面阐述的 gamma 权值联系,整个路径只是对于灰度级而言。第三幅图是 100 个输出相加的结果。Gamma 产生一个比较暗的灰度级,它十分接近结束点。最后一幅图是结束点靠近迷宫的出口,它的灰度值是最暗的。从出口追溯这些连续的减小的灰度值就找出了通过这个迷宫的路径。

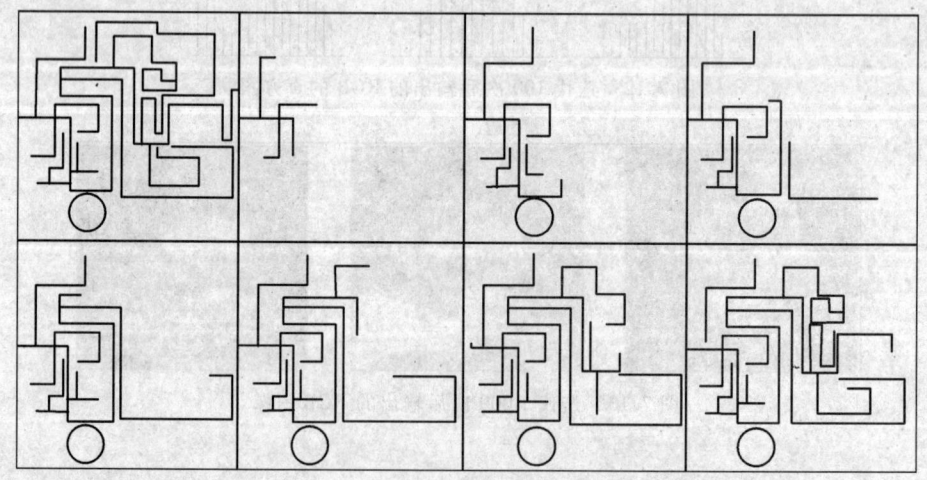

图 7.15 用 PCNN 解决迷宫问题

该方法不仅仅局限于解决如图 7.16 所示的窄路径的迷宫问题,还可以解决粗路径的迷宫问题。此时,PCNN 算法同样也无需做任何修改就可以找到从起始点到终点的最短路径。图 7.17 是一个精心设计的粗迷宫问题,其它的两幅图显示了

PCNN产生的自动波的传播过程。很明显,粗迷宫问题和细迷宫一样简单。

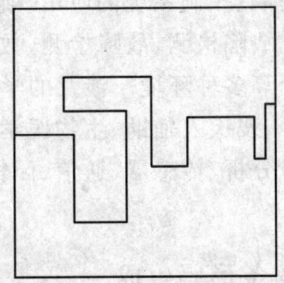

图 7.16 迷宫中的最短路径

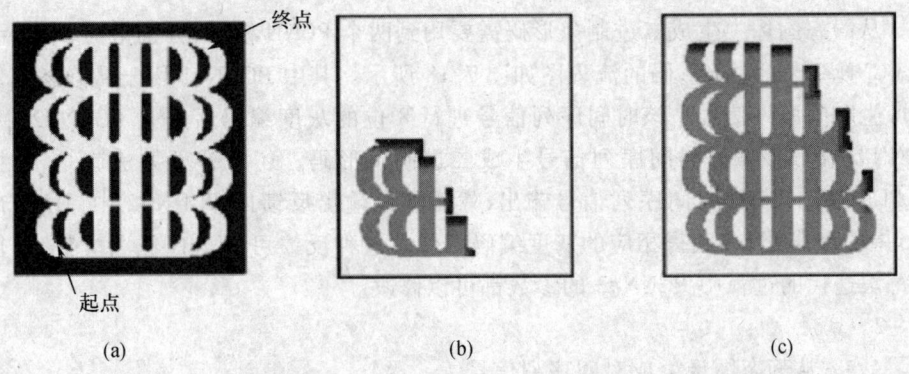

图 7.17 (a) 粗线迷宫(thick maze),(b)、(c) 粗迷宫中的自动波

7.4 PCNN 在条形码中的应用

Soonil D. D. V. Rughooputh and Harry C. S. Rughooputh

本节介绍从图像(包括光谱图像)和数据中生成二进制条形码(barcodes)的技术及其应用。7.4.1 小节首先介绍利用 PCNN 从(二维/三维)图像(包括光谱图像)和数据序列中产生(一维/二维)二进制条形码的技术;然后在 7.4.2 小节给出了一个应用实例。

现有文献研究证明,PCNN 能生成与原图像或数据序列唯一对应的时间序列信号。条形码信号产生的过程实际上就是将这些时间序列信号转换为二进制条形码(一维或二维)的过程。由于这种条形码对于输入图像或数据而言是唯一的,所以这种条形码技术有很多潜在的应用价值。PCNN 有众多参数可供调整,从而可以应用于许多不同领域,并且使得该条形码技术安全、通用性好、有较高的鲁棒性。其应用范围包括:图像分析与处理、识别、诊断、状态监视、分拣与分级、分类、计数、安全、密码系统、防伪、真实性/签名认证、版权、信息存储和检索、数据挖掘、监测、预测、特征提取、控制系统的应用、航海航空、学习、对照检查、传感器/机器人应用、变化检测、缺陷检测、故障检测、数据融合、错误检测、编码、动画和虚拟现实技术、序列分析等多种环境。涉及的学科有：空间应用、电子学、计算机视觉、军事、侦测、法医学、残疾人辅助、生物医学、仪器设备、模式识别、光谱识别、学习、分类、图像处理与分析、传感器、通信、因特网与多媒体技术、气象学、数字传输与编码等。

7.4.1 数据序列和图像的条形码生成

本节介绍从静态图像和数据序列中产生条形码的技术。

1. 静态图像的二进制条形码

从静态图像中生成二进制条形码需要用到两个 PCNN 模型，分别记为 PCNN#1 和 PCNN#2。产生条形码的流程图如图 7.18 所示。其中 PCNN#1 用于从静态图像中产生时间序列信号。该时间序列信号进行 8 位的灰度编码后送入 PCNN#2 中，PCNN#2 接收该编码时间序列信号生成二进制条形码。还有一种方法就是，直接用 PCNN#2 来获得时间序列信号输出，然后将该输出反馈回 PCNN#2 中[图 7.18(a)中的虚线处]来获得相应的灰度编码图像。这种反馈可以迭代任意次数，并且在每次迭代的过程中 PCNN#2 的参数都可以修改。

2. 算法

A.1. 从静态图像生成时间序列信号

第 1 步：

设置 PCNN#1 的参数（延时参数、阈值、电位、迭代次数）。

第 2 步：

将图像[见图 7.18(b)]（未经处理的图像或经过预处理后的图像）输入到 PCNN#1 中以生成时间序列信号（也可认为是 ICON），如图 7.18(c)所示。对 PCNN#1 设定具体参数时，应当保证 PCNN#1 的输入与 ICON 的输出之间的一一对应关系。

A.2. 从 ICON 生成了灰度条形码[Grey Level Barcode (GBC)]

第 3 步：

设置和选择表示颜色等级的数目。

设置的级数将决定最终灵敏度。

将 ICON 转化成灰度等级的条形码图像[如图 7.18(d)所示]

A.3. 从 GBC 生成二进制条形码[Binary Barcode (BBC)]

第 4 步：

设置 PCNN#2 的参数（延时参数、阈值、电位、迭代次数）。（如果 N=1，执行 5a，否则执行 5b）

第 5a 步：

7.4 PCNN在条形码中的应用

在第一次迭代中,将图像[见图7.18(d)]输入到PCNN#2中以生成一维的二进制条形码BBC[见图7.18(e1)]。对PCNN#2设定具体参数时,应当保证PCNN#2的输入与其输出的二进制条形码之间的一一对应关系。

第5b步:

将图像[见图7.18(d)]输入到PCNN#2中以生成二维的二进制条形码BBC(见图7.18(e2))。对PCNN#2设定具体参数时,应当保证PCNN#2的输入与其输出的二进制条形码集之间的一一对应关系。

注:第4步的另一个方案,设置PCNN#2的参数来生成图7.18.(d)所示的时间序列信号。这个时间序列信号被反馈回来以获得相应的灰度编码图像(返回到第3步)。这个过程(反馈选项)可以重复任意次。不过,对于生成BBC来说,最后的步骤仍然是第4步到第5步。

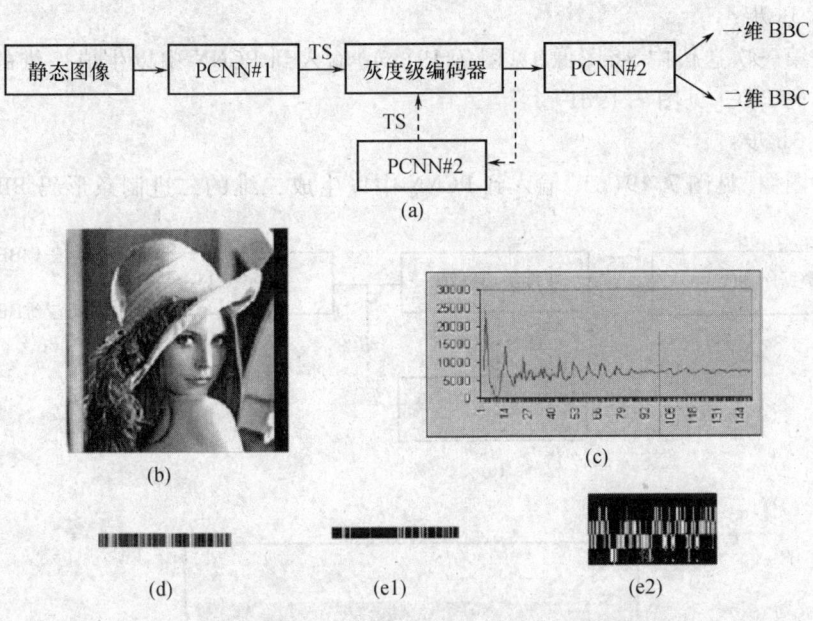

图7.18 从静态图像中生成条形码(a) 静态图像的条形码技术框图;(b) 静态图像;(c) (b)的时间序列信号;(d) 一维二进制码;(e) 二维二进制码

3. 数据序列(data sequences)的二进制条形码

对于给定的数据序列,设数据对(x, y),且$(x, y) \in R$或复数$(x + jy) \in Z$,在此假设下,生成二进制条形码需要一次PCNN迭代—见图7.19。此次PCNN用于从具有灰度编码的数据序列中直接生成二进制条形码。此外,此次迭代还可用于获得一个时间序列信号输出,这个输出被反馈回来(图7.19(a)虚线所示)以获得相应的灰度编码图像。这个反馈可被重复迭代任意次,并且对于每一次迭代,PCNN的参数可以是不一样的。

4. 算法

B.1 从数据序列中生成具有灰度等级的条形码(GBC)

第 1 步：

设置和选取颜色等级的数目。

设置级数将决定最终的灵敏度。

将数据对序列[见图 7.19(b)]转化成具有灰度等级的条形码图像[见图 7.19(c)]。

B.2 从 GBC 生成二进制条形码(BBC)

第 2 步：

设置 PCNN 的参数（延时参数、阈值、电位、迭代次数 N）。[如果 N = 1,执行 3a,否则执行 3(b)]

第 3a 步：

在第一次迭代中，将图像（见图 7.19(c))输入到 PCNN 中以生成一维的二进制条形码 BBC[见图 7.19d1]。

第 3b 步：

将图像[见图 7.19(c)]输入到 PCNN 中以生成二维的二进制条形码 BBC[见

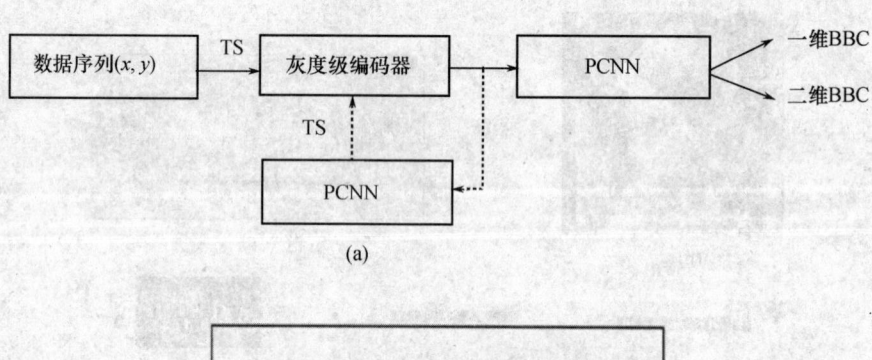

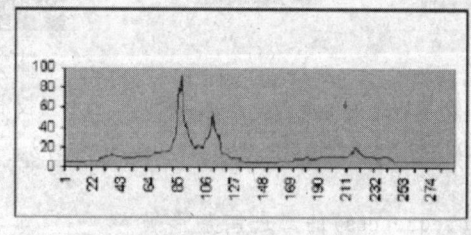

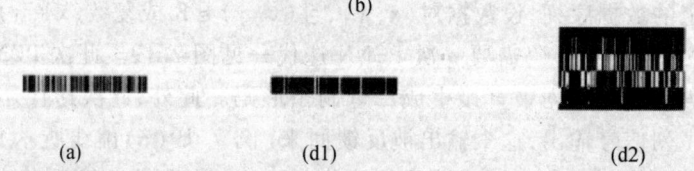

图 7.19 从静态图像中生成条形码(a) 静态图像的条形码技术框图；(b) 数据序列图；(c) (b) 的灰度条形码；(d) 一维二进制码；(e) 二维二进制码

图7.19(d2)]。对 PCNN#2 设定具体参数时,应当保证 PCNN 的输入与其输出的二进制条形码集之间的一一对应关系。

注：第2步的另一个方案,设置 PCNN# 的参数来生成图 7.19(c)所示的时间序列信号。这个时间序列信号被反馈回来以获得相应的灰度编码图像(返回到第 1 步)。这个过程(反馈选项)可以重复任意次。不过,对于生成 BBC 来说,最后的步骤是仍然是第 2 步到第 3 步。

7.4.2 PCNN 计数器

以上介绍的条形码方法非常适于对物体进行计数。在图 7.20 中,我们将其应用到一系列相同物体或混合物体(如图中实心的矩形和/或椭圆)中。在这一阶段不考虑物体的位置,实验结果清楚地表明这种技术的有效性。我们注意到只要物体位置没有重叠,最后得到的条形码都是一样的。

7.4.3 化学药品索引

化学药品索引:chemical indexing。

使用浏览器从互联网上搜索化学信息的方法[87]有多种。例如:基于万维网的化学搜索服务器/引擎,包括化学药品文摘服务(Chemical Abstracts Services, CAS)、ChemExper 化学药品目录(Chemical Directory)、ChemFinder 万维网服务器(CambridgeSoft)、NIST 数据库(NIST database)、ChemIDplus(专业信息服务)、有害物质数据库结构(Hazardous Substances Databank Structures, HSDB)(专业信息服务器)、NCI-3D(专业信息服务器),还有雅虎和 Alta Vista 等通用数据库。根据数据库从一般到专业(专业化学药品,如液晶、杀虫剂、多环芳烃类、药物、环境污染物、潜在毒素等)的差异,其网站服务器容量从几千到几百万均有。对学校或企业实验室的研究人员来说,大多数数据库是可以免费访问的。

在各种各样的电子数据库中查找化学物质时,通常要用到它们的化学名称(一些公认的名称和/或商品名称、俗名)——CA 索引、IUPAC 名称、通用名称、商品名或与此意义相同的名称、分子式、分子量、化学药品文摘服务登记号(CAS 登记号是化合物的唯一标识符,其标准格式为 xxxxxx-xx-x)、目录号、化学特性、二维化学结构、子结构和分子描述符。数据库会识别出想要的搜索类型,并提供相应的搜索结果。现在化学药品数据库变得更通用,速度也越来越快,并且可以纠正明显的错误和无效的 CAS 登记号。

就目前而言,尽管很少,一些化学数据库还是提供了附加说明。如二维/三维化学物质结构(以 Windows metafile 文件或 molfile 文件的形式)和有用的参考。显示化合物的化学结构记录通常需要帮助文档或专门的阅读器。没有帮助文档和所需的阅读器的网页插件的网络浏览器不能阅读这些内容。为了显示结构,必须使用结构绘制程序或 WWW 阅读器。经常使用的化学结构软件/阅读器(Chemical

104 第 7 章 PCNN 的各种应用

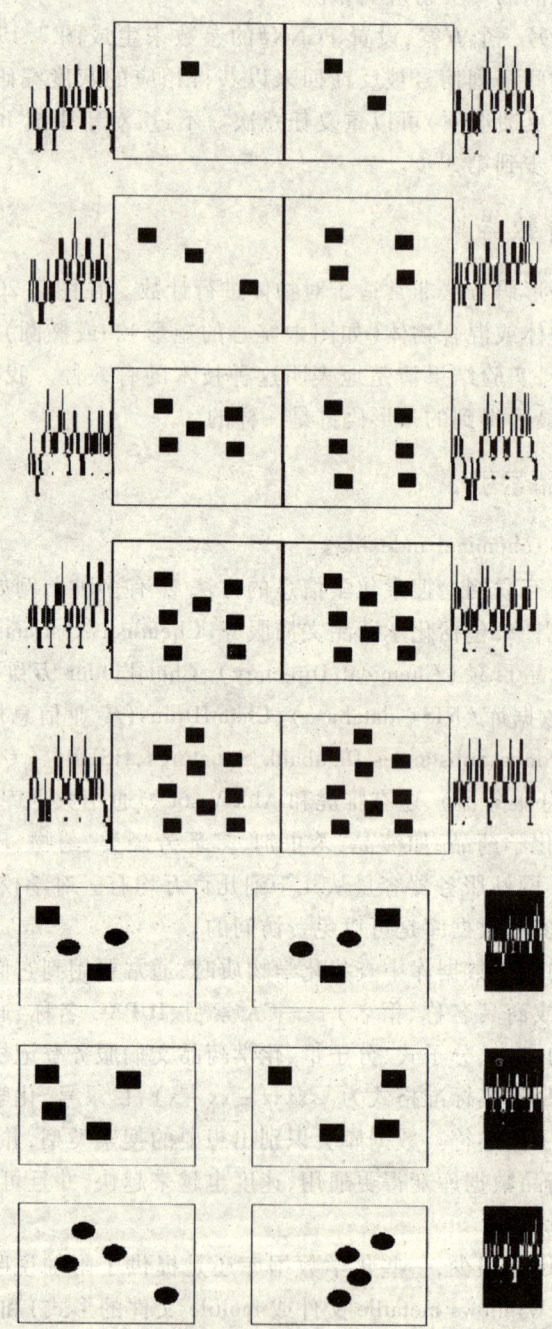

图 7.20 PCNN 计数器

Structure / Viewers)有：ChemDraw、Chem3D、ChemOffice 和 CambridgeSoft 公司的 ChemOffice Pro、ISIS/Draw（MDL 信息系统股份有限公司）、Wetlab（分子模拟股份有限公司）、ChemWeb（Softshell 国际有限责任公司）、Accord Internet Viewer（Synopsis 科学系统）和 Rasmol Viewer。应该指出的是，大多数数据库没有友好的用户界面并且常常需要几个小时的培训。此外，搜索时通常会发现在数据库中不是所有的结构都有化学式/分子量。

人们希望不需要 CAS 码、分子式、化学功能团资料等知识，仅用化合物的化学结构来直接确定某一个特定化合物或一个相关化合物（简单或复杂）。化学结构的识别是一个缓慢的过程，在绝大部分情况下，这个过程需要以电子形式提交到服务器中。

通常的搜索的过程如下：给定一个如图 7.21 所示的化学结构，我们感兴趣的是检索到这个化合物的化学信息。根据传统的方法，如果不能产生化合物的名字，就根据其结构计算出它的分子式。然后，各元素按希尔排序（Hill order）的方式进行排列。对于含碳化合物，希尔排序的处理方法是将碳元素排在第一位，接着是氢元素，其它所有元素按字母顺序列出。对于不含碳的化合物，各元素按字母排序列出并给出每个元素的原子的数目。从而待搜索化合物的分子式就写出来了。很显然，满足相同的分子式的化学结构可能有多个，因此，还需要对其进一步确证。表 7.1 列出的是利用图 7.21 所示的化学结构式得到的一个典型的搜索结果。在这个例子中，利用分子式搜索，其搜索结果有多种可能。为了减少分子式搜索的结果数目，要结合在登记文件基本索引中的名称片断。这个过程一直继续，直到得到更少的结果，然后显示选项可用来鉴别 RN 和其名称（RN：125705－88－6，索引名称：氨基甲酸，[5－[(3－甲基－1－氧代丁基)氨基]－1H－苯并咪唑－2－基]－甲酯）。

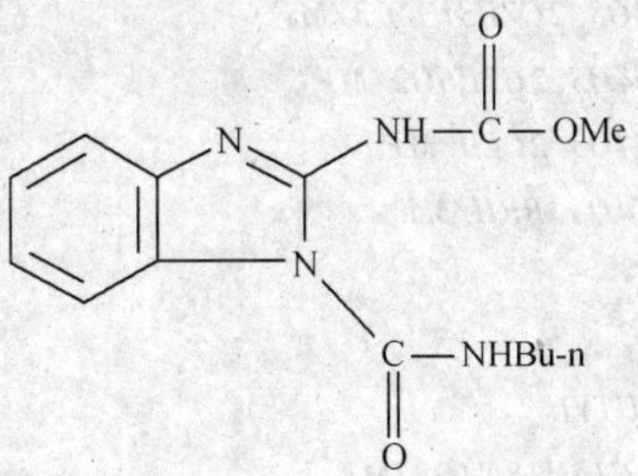

图 7.21 一个化学结构式

当前的搜索技术：检索化合物信息的传统方法如图 7.21 所示，如果化合物的名称不熟悉或者不能产生，那么应首先根据化学结构式得出分子式。分子式中元素以希尔排序方式排列。对于含碳化合物，希尔排序方法是将碳元素排在第一位，接着是氢元素，其它所有元素按字母排序列出。对于不含碳的化合物，各元素按字母排序列出并给出每个元素的原子个数。从而，待搜索化合物的分子式就写出来了。很显然,满足相同的分子式的化学结构可能有多个,因此,还需要对其进一步确证。表7.2列出的是使用图7.21中的化学结构搜索得到的一个典型的检索结果。在这个例子中,利用分子式搜索,其搜索结果有多种可能。为了减少分子式搜索的结果数目,要结合在登记文件基本索引中的名称片断。这个过程一直继续,直到得到更少的结果,然后显示选项可用来鉴别RN和其名称{RN:125705-88-6,索引名称:氨基甲酸,[5-[(3-甲基-1-氧代丁基)氨基]-1H-苯并咪唑-2-基]-甲酯}。

表7.2 一个化学结构

分子式检索

⇒ FILE REGISTRY

⇒ C14H18N4O3/MF

E1 1 C14H18N4O2TL/MF
E2 1 C14H18N4O2ZR/MF
E3 248 → C14H18N4O3/MF
E4 1 C14H18N4O3.(C2H4O)NC15H24O/MF
E5 1 C14H18N4O3.(CH2O)X/MF
E6 1 C14H18N4O3.1/2CL4PT.H/MF
E7 1 C14H18N4O3.1/2H2O4S/MF
E8 1 C14H18N4O3.2C2H6O3S/MF
E9 1 C14H18N4O3.2C7H3IN2O3/MF
E10 1 C14H18N4O3.2C7H6O2/MF
E11 3 C14H18N4O3.2CLH/MF
E12 3 C14H18N4O3.BRH/MF

分子式/片断检索

⇒ S E3 AND BUTYL
    248 C14H18N4O3/MF
    526169 BUTYL
L1 28 C14H18N4O3/MF AND BUTYL
⇒ S L1 AND AMINO AND METHYL
    1927517 AMINO
    6665678 METHYL
L2 10 L1 AND AMINO AND METHYL

对于不经常使用它的用户来说,传统的方法是非常费时、繁琐的。目前,在化学数据库检索中占主导地位的检索方法是基于文本的检索方法,该方法将文本内容作成关键词检索表。对于很少使用它的科学家来说,传统的搜索方法无疑是极其耗时而又令人扫兴的。

我们可以利用 PCNN 生成化学结构式图像的二进制条形码[101]。PCNN 有大量可调的参数从而可以适应于各种不同的应用,进而使得条形码技术安全、通用性好、有较好的鲁棒性。在图 7.22 中,我们对一个噻吩分子进行平移(A,B)、旋转(A,C,D)和比例变换(A,E),来说明条形码技术的稳定性。这个单值特性对于绘制的特殊格式是非常敏感的,比如,在(A,F)中环的大小和键长已经改变。因此,所有的化学结构都应该根据标准输入格式来绘制。在图 7.23 中,我们给出了很多不同化学结构的分子结构和它们相应的二进制条形码。化学结构与二进制条形码的一一对应特性说明这种技术可以很容易地应用于直接从结构上识别化学物质。将由化学物质生成的二进制条形码做成一个数据库,然后对待检的二进制序列和数据库中的进行比较,就能检索出该化学结构的条形码。由于其是一一对应的关系,所以,从数据库中检索只需要一步过程。因此,该方法直接、简单(与传统方法相比)、通用,且被认为是在 CAS RNs 应用中的一项重要选择。

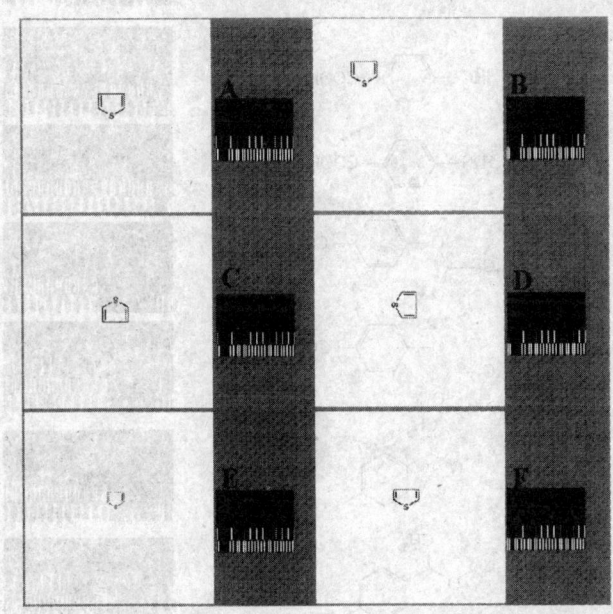

图 7.22 平移、旋转和尺度变换的结果

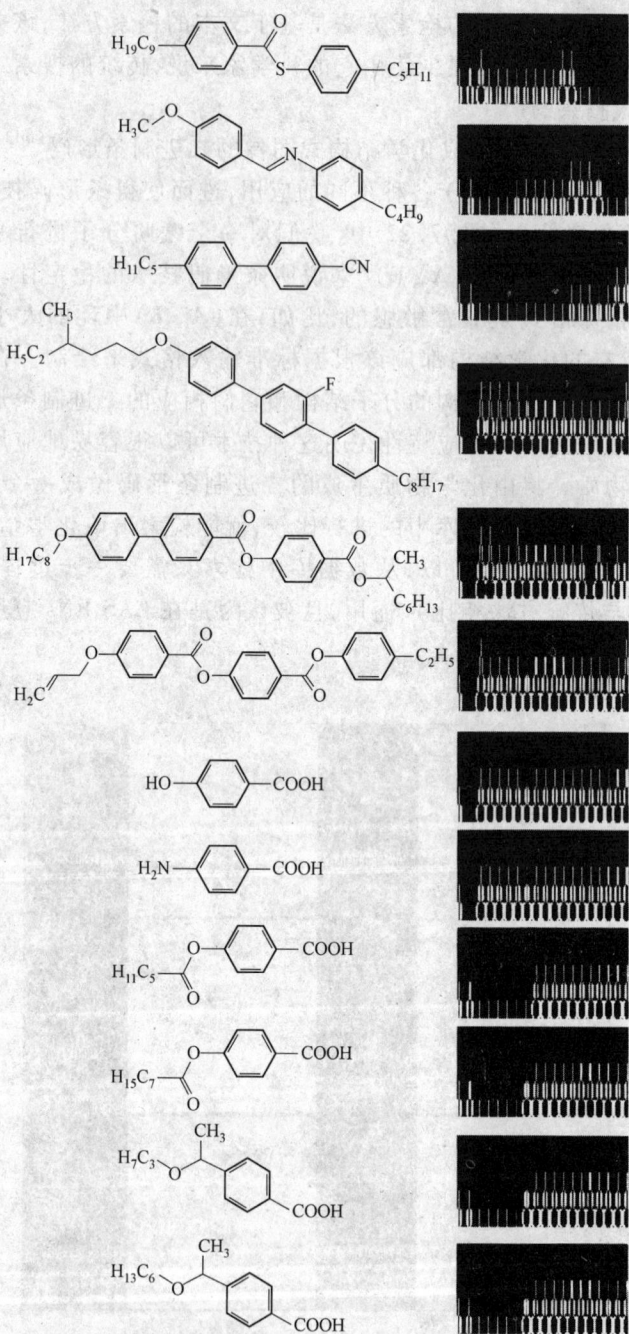

图 7.23 化学结构式和它们相应的二维条形码的实例

7.4.4 星系识别和分类

星系分类：galaxy classification。

天文学家预言宇宙中可能含有逾千亿个星系。在对宇宙大规模研究中，星系分类是一个很重要的课题。了解哈勃序列有助于了解星系的演化、密度－形态相关的宇宙进化论和合并作用，了解那些旋涡星系和棒旋星系是怎样形成的、沿着它改变和不改变的参数、最初的产星率是否是主要的驱动力等。我们对它们的了解程度取决于现有望远镜（X射线、光学、红外光、无线电等）的灵敏度和分辨率。这些星系数据库的构建才刚开始。识别或分类如此大量的星系不是一项简单的手工任务。为了帮助天文学家从调查研究中得到最大效果，需要发展具有有效性和鲁棒性的计算机自动分类器。现在有多种不同的星系分类方法，例如，可以仅仅从形态学方面进行分类。即使在这种简单的分类方法中，也存在不同的方法。可以结合形态学和星系的固有特性，如自转速度的随机率、尘埃和气体的数量、金属特性、年轻星体的证据、光谱及其带宽。

众所周知，我们今天看到的星系和它们刚形成时不完全一样。新形成的星系可能不适合目前的分类方法。找出这些星系是如何演变成现在的形式是一个大难题。原始的星系基本上是沿着目前的哈勃序列"演变"的吗？或者它们不遵循序列，而是从一个更原始的状态，"登陆"到它们现在的状态，根据一些参量如最初坍塌之后遗留下来的氢元素数量进行分类[103]？坍塌按照随着某种规律进行[70]，或者按照部分混沌的规律进行[104]，或者，在极端情况下，按照完全混沌的方式进行。目前星系研究表明某些特定参数发生了变化，而这些参数很好地遵循了现代分类序列。寻找支配这个形成过程的"主要参数"最易想到的方法是列举沿着序列参数踪迹的变化。文献[96,63]的综述表明虽然结果有点不同，但是这正是问题的所在。在每一个形态类型中，存在着每一个参数值的分布，并且不同类之间的这些参数分布存在很大的重叠。因此，每一个分布的离散度定义沿着分类集脊线在垂直方向的伸展情况（例如，哈勃音叉图的中心线）。除了决定总哈勃类型（T）的一个"主要参数"外，还有其它参数，这些参数遍历给定类型的星系中 L 值闭连集[115]。如此多的物理参量有系统地沿着哈勃序列变化，这个强有力的事实证明了分类序列确实非常重要。

当哈勃介绍他的分类方法时，他认为该分类可能是一个进化序列。在该序列中，星系可能是从椭圆星系进化到旋涡星系。但是现在人们并不认为这是一个正确的分类方法。哈勃的分类方法经过修改之后至今仍在使用中。星系的分类有：旋涡星系（普通旋涡星系和棒旋星系）、透镜状星系、椭圆状星系和不规则星系；其中还有其它很多专门的分类，如超巨型椭圆星系（cD）。旋涡星系被分为 Sa、Sb、Sc（普通旋涡星系）和 SBa、SBb、SBc（棒旋星系）；其中下标 a、b、c 表示旋臂，它们按顺序旋臂缠绕程度依次变松；椭圆状星系按照长轴与短轴的比值进行分类，该分类是基于从地球上所见的星系外形而不是星系的实际形状;透镜状星系介于旋涡星系和椭圆状星系之间。还有其它分类方法如 de Vaucouleurs、Yerkes 和 DDO 方法,这些方法在分类时需要观察更进一步的细节信息。

光学星系的形态学分类或多或少是基于视觉的。较好的分类方法会帮助了解更多星系形成和演化的知识。拥有功能强大的软件去进行分类的技术是至关重要的,尤其是如果我们需要在短时间内对大量的星系进行分类。对于数百亿的星系来说,一个快速的自动分类方法是很有价值的。据此,有些研究人员已经发表了相关的著作(见文献[99]的 28~37 页)。研究这项技术涉及到统计模型拟合、模糊代数、决策树、PCA 和基于小波的图像分析。也有人利用人造神经网络对星系进行自动形态分类;也有人用前馈神经网络、自组织映射、计算机视觉技术(见文献[99]的 32~34 页)。然而,这些技术需要大量的训练,鉴于它们计算量较大,所以不适用于大量的星系分类。用 PCNN 对星系分类/识别也已被报道[99,106];其结果还是比较理想的。他们根据从星系的时间序列信号中获得的索引参数对星系进行分类,结果表明这个方法运算速度快,且可以用于实时分类。研究员已经列出了含有 113 幅邻近星系的数字图像目录[73],目录中的这些星系具有邻近、明亮、较大且易分开的特点,并且包含了哈勃分类的各个种类。此外,Frei 等人以光度测定的方式使用与前景无关的恒星校准了所有的数据,并且这目录是在网络上可用的第一个数据集的其中一个。那些出版在"第三亮星系目录"[67]中的关于这些星系的重要数据已经记录在 FITS 头文件中了。通过匿名 FTP,所有文件均可从"astro.princeton.edu"网站上获得;也可从美国普林斯顿大学出版社的光盘中得到。

可以构建这样一个与星系对应的二进制条形码组成的数据库,通过查询该数据库可以确定任何一个特定的星系(例如用 N 重神经网络)。星系的数字图像首先作为输入送到 PCNN 中,其输出为分割后的二值图像。图 7.24 给出了一系列具有代表意义的星系原始图像,这些星系涵盖了哈勃分类中的所有种类,在表 7.3 中给出了相应的 NGC 值。图 7.25 也给出了一系列具有代表意义的星系原始图像(从上到下:NGC 4406、NGC 4526、NGC 4710、NGC 4548、NGC 3184 和 NGC 4449)和前 5 次迭代输出的相应分割图像(列顺序),这些星系包括了哈勃分类中的所有种类。图 7.26 显示了一系列第三次迭代输出的列在表 7.3 中的大量星系图像,接着用第二个 PCNN 去产生时间序列信号。这里使用的图像是是分割后的图像而不是原始图像,其目的是尽量减少星系晕的不利影响。

表 7.3 图 7.24 中的星系 NGC 值

3184	3726	4254	4374	4477	4636	5813
3344	3810	4303	4406	4526	4710	6384
3351	3938	4321	4429	4535	4754	4449
3486	4125	4340	4442	4564	4866	4548
3631	4136	4365	4472	4621	5322	5377

7.4 PCNN 在条形码中的应用

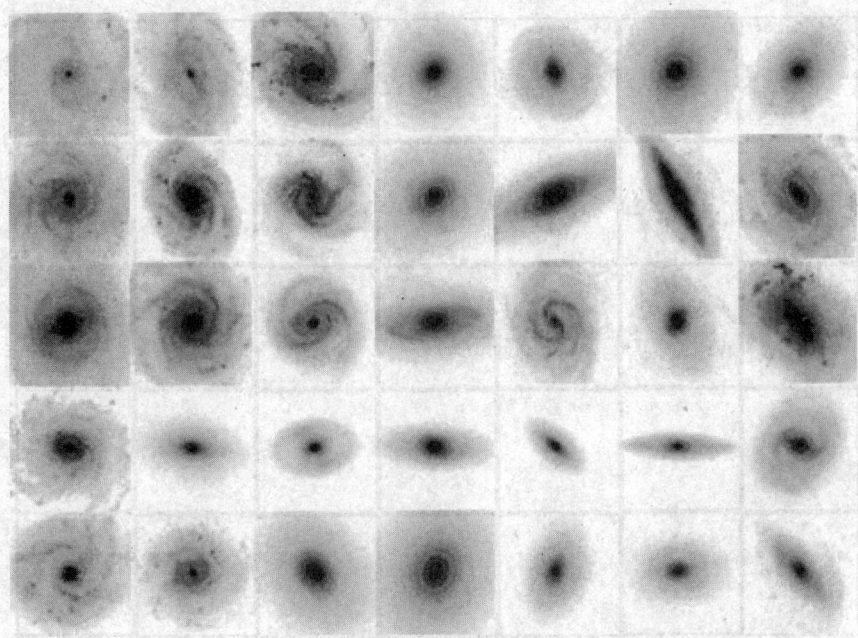

图 7.24 典型星系

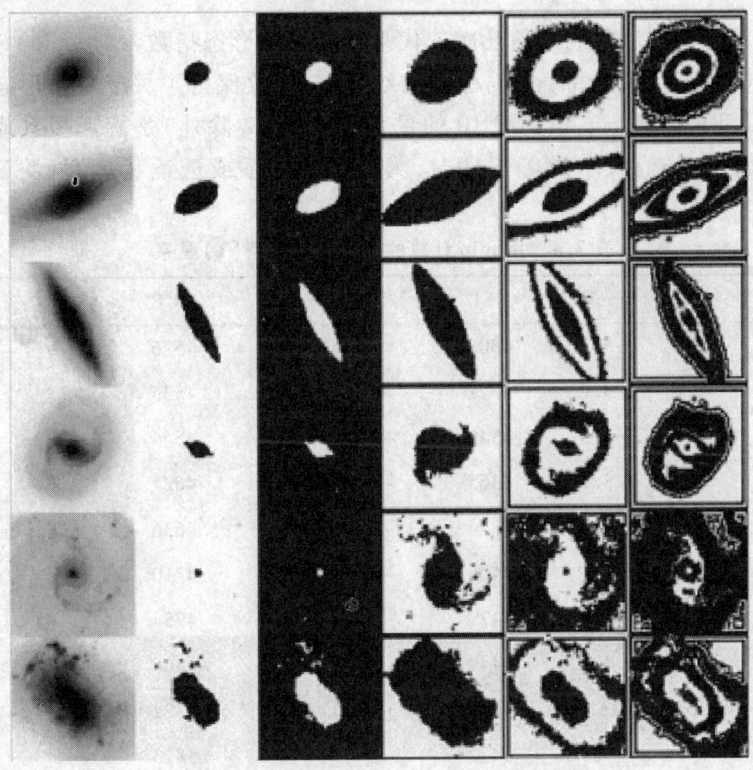

图 7.25 典型星系和它们的 PCNN 分割图像

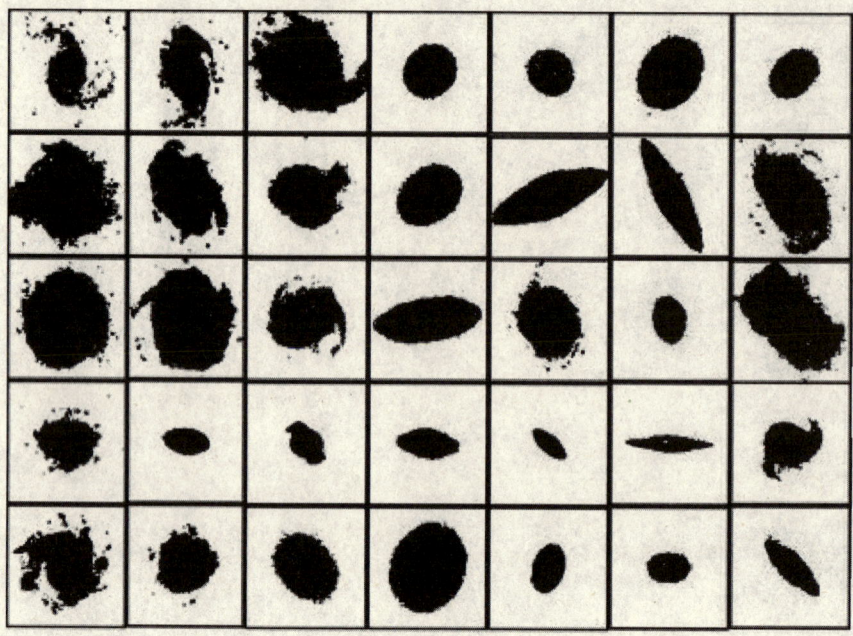

图7.26 第三次迭代后 PCNN 输出的二值星系图像(见表7.3 中相应的 NGC 值)

这里设计的方法是利用前几次迭代来计算一个形态指数参量(mip),(mip = $G(3)2/(G(2)G(4))$),由于它与图像的纹理有关,故保留了关于星系形态的有用信息[106]。我们发现 mip 值小于 10 的星系(NGC4472 除外)是旋涡星系或者不规则星系,而当mip值大于或等于10时,为椭圆状星系或透镜状星系(见表7.4)。

表7.4 用 mip 计算的不同哈勃类型(T)星系

NGC	T	mip	NGC	T	mip	NGC	T	mip
3184	6	5.3	4303	4	9.2	4526	−2	11.1
3344	4	3.8	4321	4	7.2	4535	5	7.6
3351	3	4.9	4340	−1	16.3	4564	−5	18.1
3486	5	8.1	4365	−5	10.5	4621	−5	16.3
3631	5	4.6	4374	−5	13.9	4636	−5	10.9
3726	5	5.1	4406	−5	12.0	4710	−1	10.7
3810	5	6.0	4429	−1	10.7	4754	−3	15.9
3938	5	4.5	4442	−2	15.6	4866	−1	15.4
4125	−5	16.9	4449	10	5.1	5322	−5	17.3
4136	5	9.3	4472	−5	8.1	5813	−5	14.7
4254	5	4.5	4477	−3	14.9	6384	4	5.2

这个例外可能是由星系晕的存在引起的。图 7.27 给出表了 7.3 中所列出星系的相应条形码图(通过相应的时间信息 8 位灰度图获得)。注意：条形码与输入的 NGC 图像之间有一一对应关系。

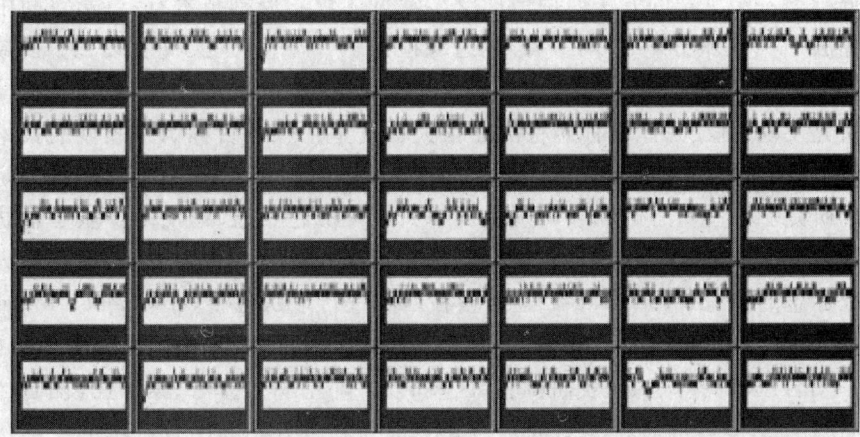

图 7.27 从相应的条形码中鉴别星系

7.4.5 导航系统

人们已做了大量的研究工作以提高导航系统(Navigational Systems)的安全性和效率。就有效的控制和增加安全性而言，自动识别导航标志已成为一个重大的国际课题。随着半自动与自动系统(如交通工具和机器人)越来越多的使用，实时操作导航标志识别系统的集成化设计也逐步流行起来。人们已经设计出了辅助导航系统或基于计算机视觉的导航标志检测与识别系统。欧洲、美国、日本的制造商和几所大学曾经在这个方向上进行联合开发。通常根据大小、形状和颜色成分来设计导航标志。在一个场景中这些标志形成了一系列唯一的且容易看到的目标。它们总是出现在一幅图像中的可见而且可预见的区域。变化只是图像中标志的大小(由距离造成的)和现场光线(如阳光、多云、雾、夜晚)。导航标志的两个主要特征通常都可用于相机获取图像的检测，这两个特性为颜色[61,64,69,74,76,83,88-99,93,111,112]和形状[60,62,68,77,81,82,84,91,92,94,109,110]。标志的识别是通过标志的内容，例如，象形图和一连串的字符来完成的。一般而言，首先结合色彩与形状进行检测，然后才进行标志识别。很多图像处理方法都可以利用颜色信息进行处理。其中最广泛采用的方法有三种为：基于神经网络的分类器、颜色索引、基于颜色的图像分割。

基于神经网络的分类器是使用训练好的神经网络去识别颜色模式。已经有文章指出：使用多层神经网络进行标志的检测与识别，并且把神经网络作为分类器去识别感兴趣区域内的标志[83]。Swain[111,112]提出了一种基于"颜色索引"的标示识别技术,该方法是先扫描一个图像的各个部分,然后让每部分相应的颜色直方图与储存在数据库中的标志的颜色直方图进行比较。其他研究者对该技术进行了完善[74,76]。基于色彩的图像分割是根据色彩信息从背景中提取有色目标以便做进一步分析。基于色彩的方法使用最广泛。常见的色彩分割技术有:色彩空间中的聚类算法[114]、区域分割[69,88,89]、彩色边缘检测[64,90]、基于"区域生长"或"区域收缩"的并行分割新方法[93]。

研究发现,基于形状的标志检测在很大程度上依赖于目标识别领域的技术发展水平,例如对机器人场景分析、固体(三维)目标识别和CAD数据库中局部定位的技术研究。几乎所有的标志识别系统都先处理颜色信息,以便减少基于形状检测的搜索量。Kehtarnavaz[81]通过对图像进行边缘检测来提取形状,然后用霍夫变换表征标志的边缘。Akatsuka[60]运用模板匹配进行形状检测。De Saint-Blancard[68]用神经网络或专家系统作为一系列的特征的标志分类器,这些特征由周长(像素数)、闭合区域的外边界、表面(闭合区域的内/外轮廓)、重心、紧致性(闭合区域的"纵横比")、多边形逼近、Freeman码、Freeman码直方图和闭合区域的平均灰度值组成。Kellmeyer[82]训练BP多层神经网络去识别色彩分割图像中的菱形警告标志。Piccioli[91,92]致力于使用几何推理的方法进行标志检测,如用Canny算法检测三角形;用霍夫变换检测圆形。另一方面,Priese[94]研究了基于模型的方法,在该方法中,用24条边的多边形来描述交通标志的凸形外壳。而交通标志的这些基本形状(圆、三角形等)均是预先确定好的。为了进行形状分类,首先对分割的图像进行扫描以获取"目标",这些目标进行编码并赋予一个概率值,这个概率值是通过目标和模型之间的边与边的比较获得的。Besserer[62]利用知识源(角检测器,圆检测器和基于直方图的分析器)来区分经过链码编码的物体进而实现了形状分类。其它技术如文献[110]中的"严格模型拟合"技术,也被应用于基于形状的标志检测中。Stein[109]、Lamdan[84]和Hong[77]使用特定模型描述、常见的匹配机制和几何散列法来检索模型数据库。

这里介绍的PCNN技术不需要进行任何颜色或形状处理。标志的自动识别是通过计算得到的图像的条形码与储存在数据库里的条形码匹配来实现的(见图7.28)[100]。

因此,利用条形码的唯一性可以迅速地识别一个未知标志;图7.29为一系列标准导航标志和它们各自对应的条形码。

7.4.6 手势识别

就计算机人机交互和机器人来说,手势识别(hand gesture recognition)为人类和计算机之间提供了一个自然有效的沟通方式[71,78]。例如:新一代的智能机器人,可以通过观察人(如果不是其它机器人)操作物体来学习如何操作场景中的物体。与绝大多数的通信模式不同,手势通常具有多重并行的特点。手势可以是静态的如一个姿势,也可以是动态的(时间上和空间上)。并且手势常用于自然手语(sign

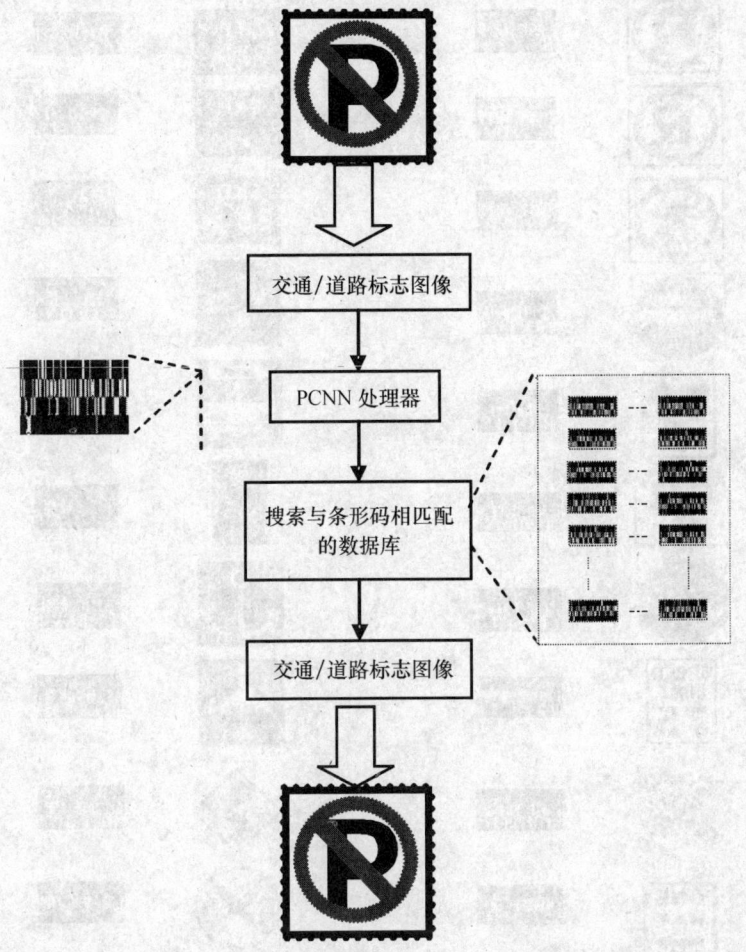

图 7.28 静态路标(road signs)的条形码生成流程

language)中像美式手语(American Sign Language, ASL)或澳大利亚手势语(Australian Sign Language, AUSLAN)。尽管目前有许多方法利用手势的静态和动态特性进行目标识别,但它们的运算时间过长,因此不能满足实时应用需求。识别方法可分为两大类,一类需要专门的手套传感器;另一类用计算机视觉[66,85,116]。第一类识别方法可以提供非常可靠的信息。但是,在手套中连接电缆大大限制了人的运动,另外,它也不适合大多数实际应用环境。因此在过去的几年中,基于计算机视觉技术的手势识别技术发展迅速。

有些研究人员已经设计出了手势识别系统,但它需要把标志附在手指、指关节和手腕上[66]。尽管这样适合实时处理,但对用户使用很不方便。另一种做法是利用电磁感应和立体视觉技术在视频图像中定位手势示意者[116]。为了识别 ASL 标志,Darrell[65]采用了最大后验概率的方法,并利用二维模型来检测和跟踪人的运

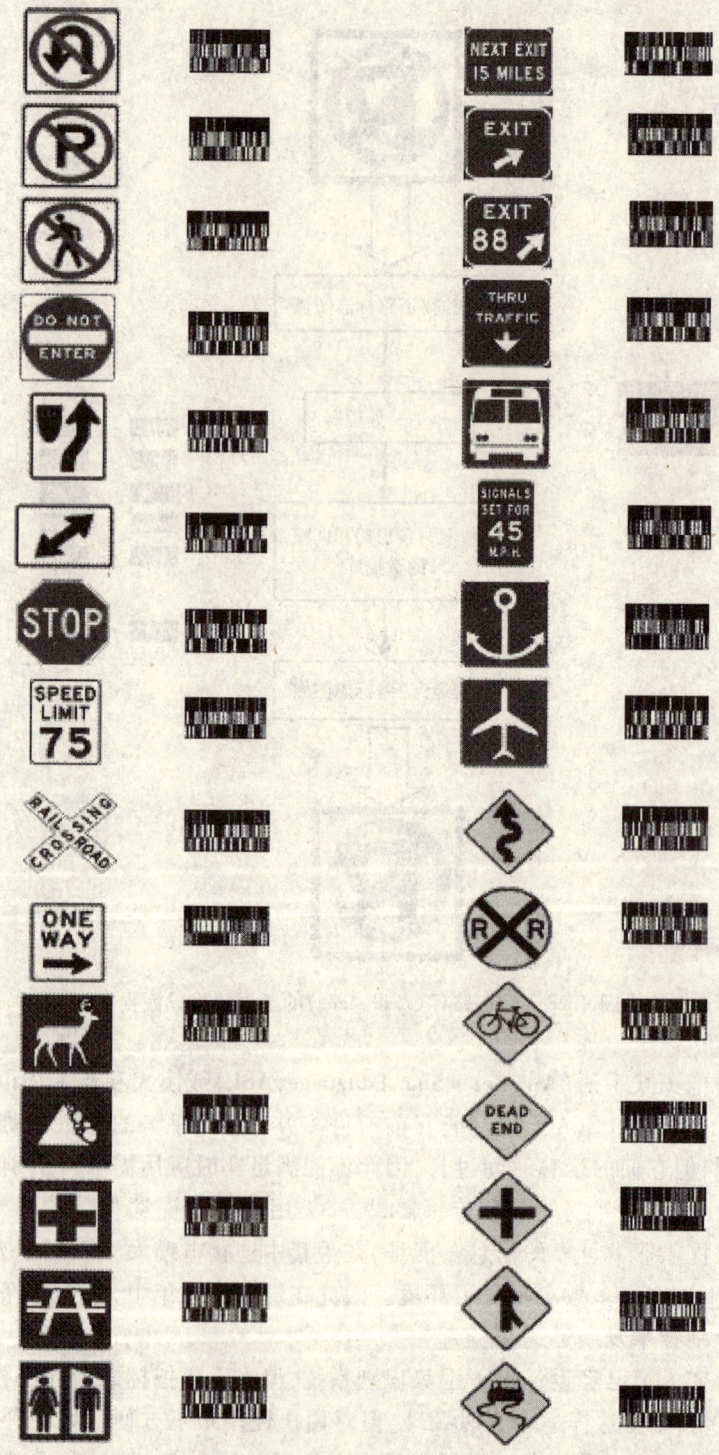

图 7.29 典型的交通标志和它们相应的条形码

7.4 PCNN 在条形码中的应用　　　　　　　　　　　　　　　117

动。运动轨迹也被用于手势示意者的定位[72]。然而,这些方法需要一个具有某一预定颜色的固定背景或者或要求手势示意者戴上特定的手套和标志,这样做同样使它们不适合于大多数的实际应用环境。研究人员也对基于神经网络系统的手势识别进行了研究。在机器人和人机互动(HCI)领域,这些系统取得了重大进展。利用人工神经系统,Littmann[86]提出了一种手势视觉识别方法,手势图像通过立体摄像机获取。并提供了一个非常直观的人机界面以引导机器人运动。Johansson 认为,手势识别完全依赖于运动信息。为了识别人体运动,一些研究人员对运动物体的轮廓和轨迹进行了研究[80],Siskind[105]根据运动轮廓提出了一种基于色彩与运动轨迹的手势分类方法。Isard[79]提出了一种称为凝结算法的概率方法来跟踪视觉场景中的运动轨迹。此外,Yang[117]运用了经标准误差反向传播学习算法训练的时间延迟神经网络(Time-Delay Neural Network,TDNN)来识别运动中的手势。

如图 7.30 所示,每个图像和它相应的二进制条形码之间是一一对应的关系[97]。手势识别通过一个无权值的 N 重神经网络完成的。

7.4.7 路面检测

路面检测:road surface inspection。

为了评估道路状况和定位包括裂缝在内的道路缺陷,传统方法都是通过人工方法进行的。这种方法是非常耗时、主观和昂贵的,并且对于检查人员和保持交通畅通来说,这种方法都是危险的甚至是破坏性的。最理想的做法是使用一个全自动化的监测汽车,它可以在高速行使过程中(时速大于 80 km)一次性完成高精度的定位(精确到 cm)和表征路面的缺陷(比如说裂缝宽度大于等于 1 mm),这个自动化的系统甚至可以保存当前裂缝的类型。

最近已经有一些关于自动道路裂缝检测和特征描述系统的研究的报道[75,95,113],英国的运输研究实验室有限公司(Transport Research Laboratory Ltd.)(UK)最近提出了一种名为 HARRIS 的自动裂缝监测系统[95]。在这个系统中,利用三个排成一条直线并安装在测量车辆上的摄像机,从而采集得到路面的视频图像,所采集的数字图像的分辨率在道路表面的横断方向上为每点 2 mm,测量宽度为 2.9 m。扫描获得的图像(256 KB)经过预处理变为 64 KB(通过减少灰度等级)。预处理后的图像连同位置信息一起被存储在硬盘中。据报道在 HARRIS 中位置参考子系统(精度 ±1 m)需要额外的摄像机和其它硬件。HARRIS 的图像处理分为两个阶段执行:第一阶段由除噪和压缩组成(在测量车上在线处理),第二阶段由对压缩后图像的裂纹特性进行特征描述的离线操作构成。一个典型系统在一天当中进行 300 km 车道测量所产生的数据将会达到 80 GB。关于 HARRIS 的全部细节可以在 citePynn99 中找到。

为了提高 HARRIS 系统的鲁棒性,可以做出如下的改进。首先全球定位系统(GPS)可以用来取代基于视频的子系统提供精确度更高的位置定位(根据差分

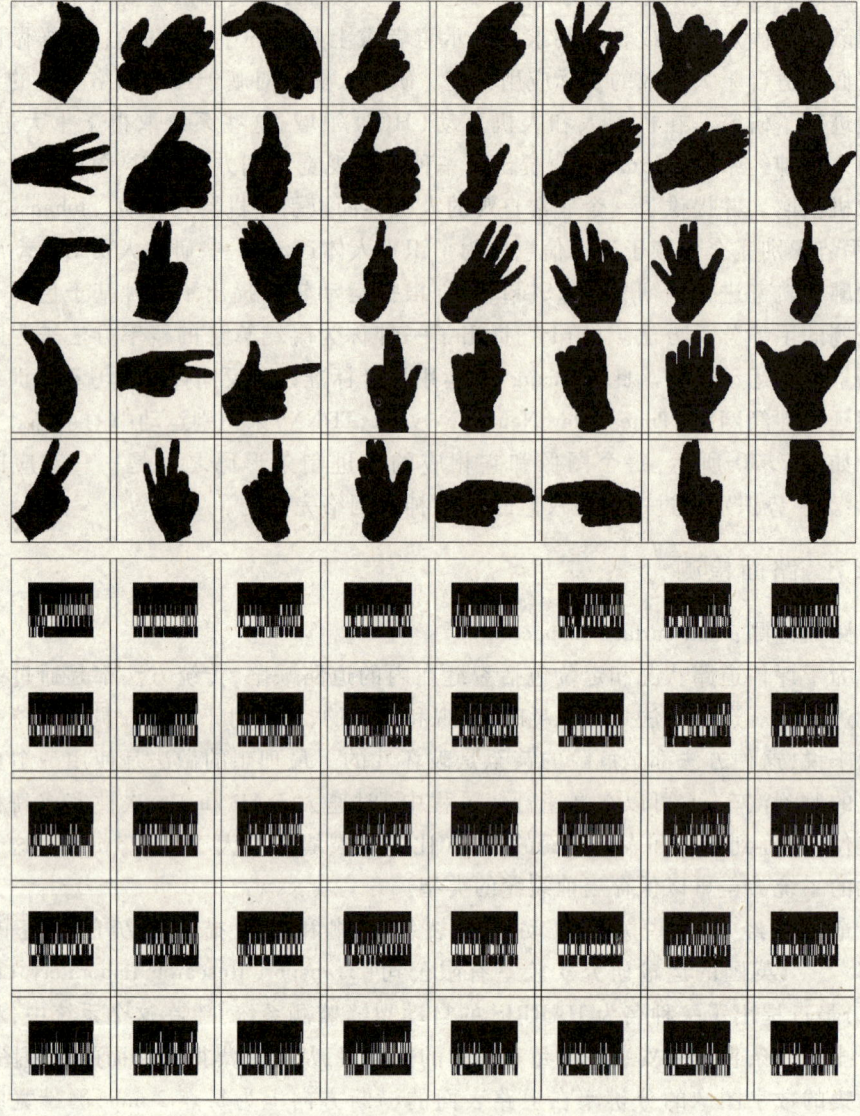

图 7.30　实验使用的二维手势图以及相应的条形码

GPS,最小可以达到 1 mm)。其次,没有必要存储大量扫描到的关于良好道路状况的图片,在这方面,可以使用 PCNN 作为预处理每一幅扫描的图像来检测图像的路面是否有缺陷,如果确认有缺陷的话,那么第二个 PCNN 将用于对这幅包含缺陷信息的图像进行图像分割[Rughooputh,00b]接着这张图片将作为二进制图像和 GPS 数据存储在一起。一张实时的裂缝分布图将会通过合成这些独立的摄像机的结果获得。缺陷的具体特征信息可以通过对已记录的二进制图像进行离线处理得到。这种数据采集的模式是一种更精确,低成本和高速的自动化系统。

由于道路表面材料的反射特性随地点的不同而不同,这就需要根据良好道路表面条件下的样本对软件进行校准。校准可以以两种方式实时进行:其一是如果能够事先确定在整条路面上有一致的反射特性,在这种情况下一个样本图像就能够满足校准需求;其二是以适当的时间间隔周期性地提取样本图像。这个方法之所以行得通的原因是将摄像机采集的图像和参考图像(即校准图像)进行对比。在该方法中,我们并不直接对图像进行比较,因为这很耗时间。取而代之的是将这些图像转换二进制条形码。路面有缺陷的图像所生成的条形码与路况良好的图像所生成的条形码是有差别的。

路面是否有缺陷的确认是基于这样一个事实:包含裂缝(不管是何种类型)信息的图像所生成条形码和路况良好的图像的条形码是有区别的。图 7.31(a) 示例的是不同的道路状况(图片是以 PGM 格式(256 级)存储的)。在检查道路结束时生成的带有缺陷信息的二进制图像既可以进行实时分析,也可以进行离线分析。图 7.31(b) 显示的是通过 PCNN 分割之后的二进制图像。图中表示的各种类型的缺陷可以通过一个事先建立的优先级很容易地进行分类(比如说裂缝宽度,洞的大小等)。由于裂缝通常被数字图像标为暗色区域,可以用一个二阶的裂缝认证算法对基本优先级粗糙地分类。在时候,需要通过小心地删除掉图像的冗余部分(比如拐角的阴影效应)来找到一个合适的阈值。

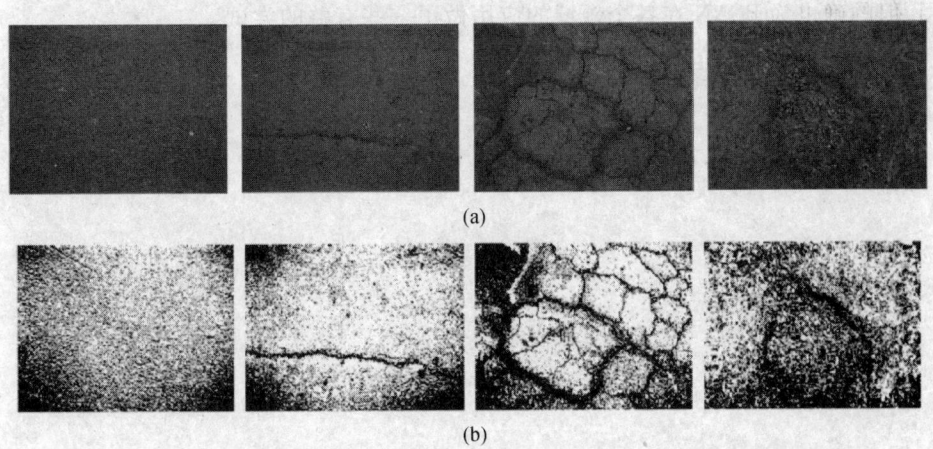

图 7.31 (a) 典型的路面状况;(b) 对(a)中显示的典型路面状况图像进行分割后的图像

在与 HARRIS 的性能进行比较时,已有报道指出我们的这项技术在裂缝识别处理方面表现出了很高的成功率(100%)[98]。HARRIS 的高错误接受率也就是低成功率可归因于除噪后图像的灰度级数在主要处理过程(为了存储而减少到 64 KB)中的减少而造成的图像质量劣化。和 HARRIS 不同,没有必要在我们的裂缝识别程序中添加特别的标准,而只需要添加预定义的标准以连接裂缝区域,并且存储大量的满足"可接受条件"的路面扫描图像即可。HARRIS 同样需要嵌入的基于连接裂缝区域的预定义标准的特殊运算法则。总之,我们节省了许多运算所花费的时间。我们注意到道路标识(例如黄色或白色的标记)和人工建造的结构(例如井盖和圆盘形结构等)可能在处理前期被当成缺陷。但是大多数这类标记都出现在道路的两边,所以可以调整摄像机使其只覆盖道路中间 80~90% 的路面宽度。在这种情况下,大多数道路标记将被忽略。其它标记和结构可以在手动分析二值图像时被轻松去除。使用 GPS 位置数据,在多车道测量中从每个摄像机采集到的二值分割图像并排组合在一起,可以建立一张裂缝分布图,它不仅指出了每个被识别出来的裂缝的位置、长度和方向,还能识别出延伸到每个测量摄像机边界之外的裂缝或缺陷。可以看出使用我们的技术可以在一次行驶过程中获得实时的裂缝分布图。

7.5 小结

很明显,PCNN 或者 ICM 对很多应用环境来说是非常有用的处理工具。PCNN 算法一般用来分离重要信息以供后续分析。但同时也有将 PCNN 作为主要处理工具将原始的信息压缩到所需要的形式。这一章并没有全面论述到 PCNN 的所有应用,但的确也为 PCNN 在各个领域的应用做了一些有益的尝试。

第8章 PCNN 的硬件实现

虽然大部分情况下,在 PC 平台上借助算法,PCNN 很容易用软件实现,但也有一些直接硬件电路实现的方案。本章将详细介绍。

8.1 硬件实现原理

为了使 PCNN 的硬件实现方案在性能上超过其软件实现方案,通常采用并行运算方法。因为,PCNN 的大部分运算均在神经元之间进行,所以,设计一个并行算法所真正需要关心的仅是神经元之间的通信。

硬件实现即使不用完整的 PCNN 算法,也可以得到类似处理结果。正是在认识到要得到类似 PCNN 的运算结果,存在着一个最小运算集之后,研究者建立了 ICM 模型。该模型的目标是找出产生自动波所需要的神经元之间通信信息。在 PCNN、ICM 的许多仿真实验中,每一个神经元都与其周围相邻几个神经元进行通信,同时在很多实际生物学模型中,神经元也只和它最邻近的神经元通信。

图 8.1 分别是神经元与 1 个、2 个、3 个邻近神经元通信时的情形。图 8.1(a) 是原始输入的图形。图 8.1(b) 是与一个邻近神经元通信时的系统输出。从图中可以看出,输出并没有显示出一种扩展。相反,在 10 次迭代以后,活动衰减并趋于稳定。

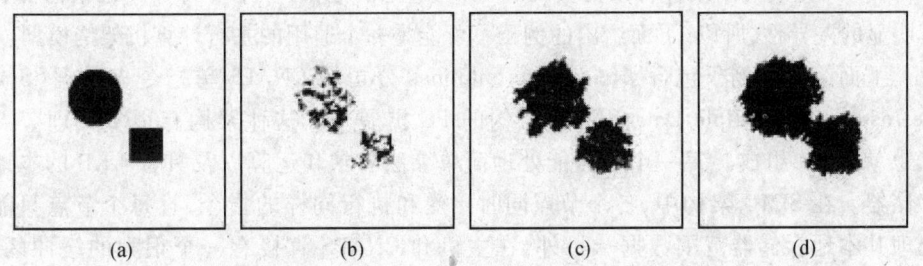

图 8.1 分别为原始输入及各自与 1 个、2 个和 3 个神经元通信并经过 10 次迭代后的输出

图 8.1(c) 是与两个神经元通信时的系统输出。同样在几次迭代之后这个系

统便趋于稳定。图8.1(d)所示的结果与PCNN的行为更相似。图中的边界虽然不是很平滑,但向各个方向扩展,这个系统不稳定而且边界继续扩展。通过这个简单实验说明,在随机通信中,每个神经元至少要与周围3个神经元通信才能保持边界扩展。当然,在硬件设计中,这是很容易实现的。

这些模型所需的最简单结构如图8.2所示。神经元有一个内部累加器"U",门限"Γ"。当神经元激发时,反馈将使U的输出衰减。它是上面提到的很多模型的最基本组成单元。

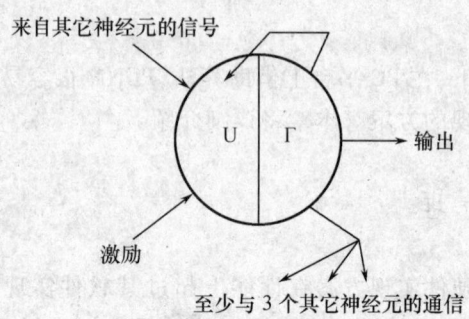

图8.2 最小皮层神经元

由于硬件技术的限制,要用硬件实现这些模型需要对原始PCNN模型加以修改。尽管如此,只要用硬件模型建立在最小系统之上,该硬件模型就会产生与PCNN相似的结果。在用这些硬件模型解决目标检测,目标分离,凹点检测等其它问题时,基于图8.2的硬件结构能提供与生物实际模型相类似的处理性能。因此,在硬件电路实现时,就没有必要完全照搬生物神经元模型。

8.2 用CNAPs处理器实现

PCNN直接可以用并行架构实现[123]。但遗憾的是,每一个并行计算机架构都有其明显的差异性,所以,下面给出的例子不可能是一个通用的并行计算机架构模型。

下面给出的例子包含了Adaptive Solutions公司的CNAPS单指令多数据(Single Instruction Multiple Data,SIMD)架构的PC扩展卡。这种架构有很多处理节点P,也就是PN组成。每一个节点能处理简单乘法和求和运算以及具备4 KB的本地存储器。在SIMD架构中,各个节点同时接受和执行同样的指令,且每个节点只能处理其本地存储器范围数据。另外,在主机和CNAPS直接有一个很大的缓冲区,这种架构如图8.3所示。

如前所述,用CNAPS来实现PCNN是相当简单的,唯一复杂的是卷积运算以及来自上次迭代结果、要做卷积运算的数据分配。因为节点间的数据传输是通过同一条串行总线进行的,所以,当一个节点需要另一个节点的数据时,该节点的计

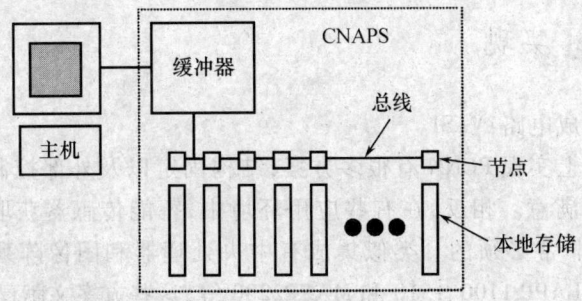

图 8.3 CNAPS 示意图

算将不得不使用串行运算处理模式。显然,这破坏了并行处理的整体性。

因此,做了两点修正。第一是每一个节点的本地存储器需要存储该节点运算所需的所有的 K 值,同时将卷积的结果存放在 W 中。在下一次迭代中,要将 Y 值分配给用于卷积运算的节点。这需要在串行总线中做一个并行处理。还好,对于 5×5 的核,Y 值只需传送一到两个节点的距离。Adaptive Solutions 公司正好提供了能同时传送数据给相邻节点的转移命令。虽然在同一时刻总线上有多个数据传输,但是它们不在总线的同一位置。显然,使用这些转移命令保持了数据的并行分配。

PCNN 运算如下:

```
/* This routine performs all of the PCNN functions for
a single iteration */
void Iterate( void )
{
    mono int i;
    Convolution( );
    [ domain neuron ].
        foralli {
            F[i] = eaf* F[i] + S[i] + Vf* W[i];
            L[i] = eal* L[i] + Vl* W[i];
            U[i] = F[i]* ( 1.0 + beta* L[i] );
            T[i] = eat* T[i] + Vt* Y[i];
            if( U[i] > T[i] + 0.1 ) Y[i] = 1;
            else Y[i] = 0;
        }
}
```

任何一个数组变量在各自的节点上被复制,使得每一个节点仅需执行 N 次,而非 $N \times N$ 次操作。一旦卷积执行完毕,则计算相当简单。

在时钟为 90 MHz 的 Pentium 处理器上处理 20 次迭代运算耗时 25 s,而在 CNAPS 上执行同样的 20 次迭代运算只需耗时 1 s 左右。

8.3 用 VLSI 实现

超大规模集成电路:VLSI。

在集成电路上实现 PCNN 有很多方案,结构固定以及外部控制很少的硬件电路并不能总令人满意。相反,在有些应用环境中,智能传感器获取的数据直接用 PCNN 预处理是非常必须的。类似集成有中央处理器和图像阵列的智能传感器有:IVP[119,112]的 LAPP 1100、1510 和 MAPP2200 等,这些方案文献已经讨论很多了。

LAPP1100 是一种由 128 个像素(24 μs)和 128 个并行处理单元(PE)(其中,每个 PE 集成有 320 个晶体管)组成的线性传感器。在图像处理应用中,这种传感器可看作是集成有中央处理器的图像检测传感器。

MAP2200 是一种 256×256 像素的二维阵列传感器,它有一个一维 SIMD 指令处理器(该处理器每个 PE 有 1500 个晶体管)。最近又提出了 NISP[120],这也是一种 2D/2D 解决方案,它包含 32×32 个 PE,值得说明的是每个处理单元仅仅集成有 110 个晶体管。

图 8.4 展示了 Guest 设计的另一种光电二极管方案[121]。它能够执行非常简单的 PCNN 并且只用很少的晶体管来实现。

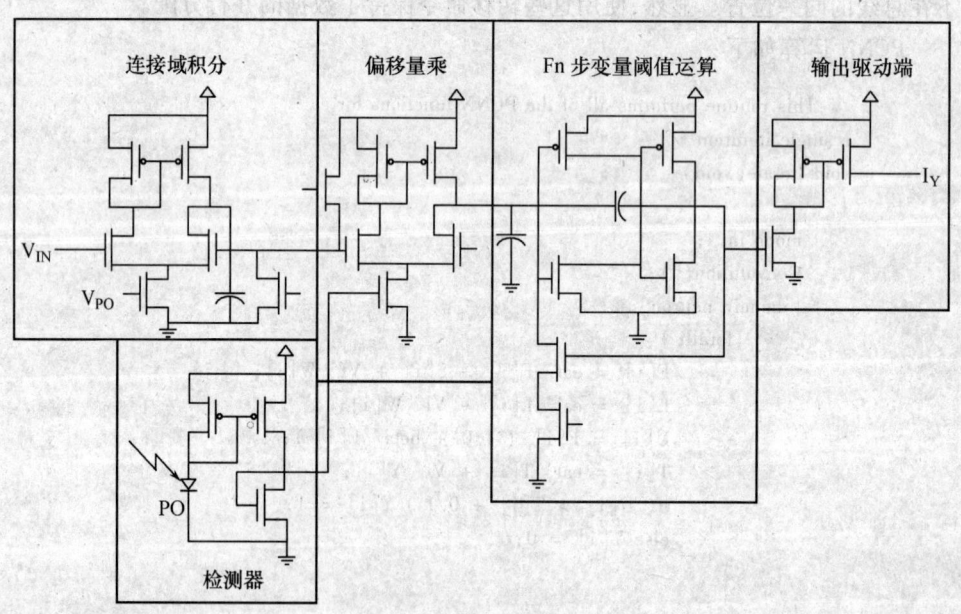

图 8.4 直接用光电二极管实现的简单 PCNN

8.4 用 FPGA 实现

众所周知,现场可编程逻辑器件、现场可编程门阵列(Field Programmable Gate

Arrays,FPGAs)是近几年来电子信息系统开发中最重要、发展最快的技术。它使系统设计变得更加容易实现,可以很快得到结果。特别是 FPGA 拥有大容量的 RAM,可以满足要求器件响应速度的试验。同时出现了很多商用工具软件和函数库,再加上在设计、分析以及综合等领域的软件都表现的很出色,超高速集成电路硬件描述语言(VHDL)也得到广泛应用。所有这一切都使主流设计把 FPGA 作为重要的逻辑器件,而不像以前那样,仅仅作为 ASIC 原型媒介。

下面的 VHDL 代码[124]描述了一个简单的 PCNN 神经元,这个神经元有一个图像灰度值输入(8 位)和来自周围 8 个神经元的反馈输入。PCNN 神经元的每一次迭代需要多步的乘法运算:尤其是动态连接和反馈求和操作更是如此。

下面这个简单的例子中就有执行 22×22 次乘法的运算。

```vhdl
library ieee;
use ieee.std_logic_1164.all;
use ieee.std_logic_arith.all;
package pcnn_package is
    constant beta_VL_width:natural: = 3 + 15;  -- [0..1] * [0..10]
    constant beta_VL_binal:natural: = 15;  -- res 0.001 * 0.05
    constant Vf_width:natural: = 1 + 11;  -- [0..1]
    constant Vf_binal:natural: = 11;  -- res 0.0005
    constant Vt_width:natural: = 6 + 4;  -- [1..50]
    constant Vt_binal:natural: = 4;  -- res 0.1
    constant exp_width:natural: = 1 + 15;  -- [0..1]
    constant exp_binal:natural: = 15;  -- res 5E - 5
    constant beta_VL:unsigned(beta_VL_width - 1 downto 0);
    constant Vf:unsigned(Vf_width - 1 downto 0);
    constant Vt:unsigned(Vt_width - 1 downto 0);
    constant KL:unsigned(exp_width - 1 downto 0);
    constant KF:unsigned (exp_width - 1 downto 0);
    constant alfa_T:unsigned(exp_width - 1 downto 0);
end pcnn_package;

package body pcnn_package is
    constant beta_VL:unsigned(beta_VL_width - 1 downto 0): =
    conv_unsigned(integer(0.01 * 0.5 * 2 ** beta_Vl_binal),beta_VL_width);
    constant Vf:unsigned(Vf_width - 1 downto 0): =
    conv_unsigned(integer(0.03 * 2 ** Vf_binal),Vf_width);
    constant Vt:unsigned(Vt_width - 1 downto 0): =
    conv_unsigned(integer(39.1 * 2 ** Vt_binal),Vt_width);
    constant KL:unsigned(exp_width - 1 downto 0): =
    conv_unsigned(integer(0.36 * 2 ** exp_binal),exp_width);
    constant KF:unsigned (exp_width - 1 downto 0): =
    conv_unsigned(integer(0.25 * 2 ** exp_binal),exp_width);
    constant alfa_T:unsigned(exp_width - 1 downto 0): =
```

```vhdl
        conv_unsigned(integer(0.16*2**exp_binal),exp_width);
end pcnn_package;

library ieee;
use ieee.std_logic_1164.all;
use ieee.std_logic_arith.all;
use work.pcnn_package.all;
entity pcnn is
    port(clk:IN std_logic;
         reset:IN std_logic;
         Y0,Y1,Y2,Y3,Y4,Y5,Y6,Y7:IN unsigned(0 downto 0);
         S:IN unsigned(7 downto 0);
         Y:INOUT unsigned(0 downto 0));
end pcnn;
architecture behave of pcnn is

    signal sum:unsigned(3 downto 0);

    signal Linking:unsigned(4 + beta_VL_width - 1 downto 0);
    signal L,L_reg:unsigned(4 + beta_VL_width - 1 downto 0);
    signal L_mult_KL:unsigned(4 + beta_VL_width + exp_width - 1 downto 0);
        -- L_mult_KL_binal equals exp_binal + beta_VL_binal
        -- The signal should be added to Linking, which equals beta_VL_binal
        -- Thus, the final signal equals beta_VL_binal and exp_binal is dropped

    signal L_one:unsigned(4 + beta_VL_width - 1 downto 0);
    signal Feeding:unsigned(4 + Vf_width - 1 downto 0);
    signal F,F_reg:unsigned(8 + Vf_width - 1 downto 0);  --128 iterations + Y firing
    signal F_mult_KF:unsigned(8 + Vf_width + exp_width - 1 downto 0);
        -- F_mult_KF equals exp_binal + Vf_binal
        -- The signal should be added to feeding, which equals Vf_binal
        -- Thus, the final signal equals Vf_binal and exp_binal is dropped

    constant F_zero:unsigned(Vf_binal - 8 - 1 downto 0) := (others =>'0');

    signal L_mult_F:unsigned(8 + Vf_width + 4 + beta_VL_width - 1 downto 0);
        -- Should actually be +2*(exp_width - exp_binal) more bits, but exp_width and
        -- exp_binal should be the same
        -- The signal should be compared to theta, which equals Vt_binal
        -- Thus, the final signal equals Vt_binal and Vf_binal + beta_VL_binal - Vt_binal
        -- is dropped

    signal U:unsigned(8 + Vf_width + 4 + beta_VL_width - 1 downtoVf_binal + beta_
```

8.4 用 FPGA 实现

```
        VL_binal - Vt_binal);
    signal theta,theta_reg:unsigned(Vt_width - 1 downto 0);
    signal theta_mult_alfa_t:unsigned(Vt_width + exp_width - 1 downto 0);
        -- theta_mult_alfa_t equals Vt_binal + exp_binal
        -- The signal should be compared to U, which equals Vt_binal
        -- Thus, the final signal equals Vt_binal and exp_binal is dropped

begin
    sum <= (("000"&Y0) + ("000"&Y1) + ("000"&Y2) + ("000"&Y3)) +
           (("000"&Y4) + ("000"&Y5) + ("000"&Y6) + ("000"&Y7));
    Linking <= sum * beta_VL;
    Feeding <= sum * Vf;
    L_mult_KL <= L_reg * KL;
    F_mult_KF <= F_reg * KF;
    L <= Linking + L_mult_KL(4 + beta_VL_width + exp_width - 1 downto exp_binal
         + 1);
    F <= Feeding + F_mult_KF(8 + Vf_width + exp_width - 1 downto exp_binal + 1) +
         (S & F_zero);
    L1:for i in 4 + beta_VL_width - 1 downto 0 generate
    L_one(i) <= '1' when i = beta_VL_binal else '0';
    end generate;
    L_mult_F <= (L_one + L) * F;
    U <= L_mult_F(8 + Vf_width + 4 + beta_VL_width - 1 downto Vf_binal + beta_VL_
         binal - Vt_binal);
    Y <= unsigned'("1") when U > theta else unsigned'("0");
    theta_mult_alfa_t <= theta_reg * alfa_t;
    theta <= theta_mult_alfa_t(Vt_width - 1 downto 0);
    process(clk)
    begin
        if (clk'event and (clk = '1')) then
            if (reset = '1') then
                L_reg <= (others =>'0');
                F_reg <= (others =>'0');
            else
                L_reg <= L;
                F_reg <= F;
            end if;
        end if;
    end process;
    process(clk)
      begin
        if (clk'event and (clk = '1')) then
            if ((Y = unsigned'("1")) OR (reset = '1')) then
                theta_reg <= work.pcnn_package.Vt;
```

```
            else
                theta_reg <= theta;
            end if;
        end if;
    end process;
end behave;
```

  上面的 PCNN 神经元使用了 FPGA 中的几乎 1150 个逻辑单元,大约占了 ALTERA FLEX10K100 芯片逻辑单元总数的 22%。神经元能以略高于 4 MHz 的频率处理其输入和输出。但这样的执行效率并不能满足需要。如果我们假设有一个单帧为 128×128 的图像动态视频流,其灰度值 8 位、帧刷新频率 60 Hz~70 Hz,那么,对每一幅图像要用 16 ms 的计算时间,需要 100 次的 PCNN 迭代(是输入图像的总的净迭代),每一个网络迭代要花我们 0.16 ms。如果我们用串行思路,那么我们只有 0.16 ms/(128×128) 神经元,几乎是 10 ns/神经元。显然,对于串行实时处理,ALTERA FLEX 10K100 是不够的。

  如果我们用流水线来处理 PCNN 神经元的关键乘法步骤,且假设能在 10K100 或 10K130 芯片上设计实现 4 个神经元,那么我们就能在 4 μs 时间内处理大约 64 个像素。这意味着 1 ms 中完成一次净迭代。这对于将 ALTERA FLEX 系列用作实时处理仍然太慢。但是,ALTERA 10K250 芯片能适合约两倍数量的神经元,使整个网络的迭代时间约为 0.5 ms。10K250 在不用前面提到的 VHDL 代码进行修改的前提下就能以接近 20 Hz 的频率对 128×128 像素分辨率图像进行处理。

  对上面提到的 VHDL 代码加以修改和优化以获得对硬件资源更高的利用率。这样,乘法运算能从芯片的门结构转移到芯片内嵌入阵列模块(EAB)上,同时加快了处理的进程。

8.5 光学应用

  Johnson[7] 构建了一个能像 PCNN 一样计算的光学系统,光学脉冲耦合神经网络(Optical PCNN)。这个系统在它的简洁性和与 PCNN 的期望结果的相似性方面是一流的。图 8.5 是这个系统的示意图。

  图 8.5 中,在系统中,我们用发散的白光源照射目标。光线在距离空间光调制器(Spatial Light Modulator, SLM)略远的平板上聚焦。电荷耦合器件(CCD)传感器接收图像并将接收到的图像传给计算机,计算机将图像处理后再写到 SLM 上。

  SLM 是透光器件,它的单元有 ON 和 OFF 两个状态。在这两个状态下光都可以穿透,但在 ON 状态下光线更容易通过。目标图像在稍微偏离聚焦状态下通过 SLM。当它通过 SLM 时与前面计算机处理后送到 SLM 上的图像相乘,但这种离焦特性也执行了本地互联。更准确地说,这个图像通过 SLM 时进行了其像素与 SLM 上图像像素的本地卷积。

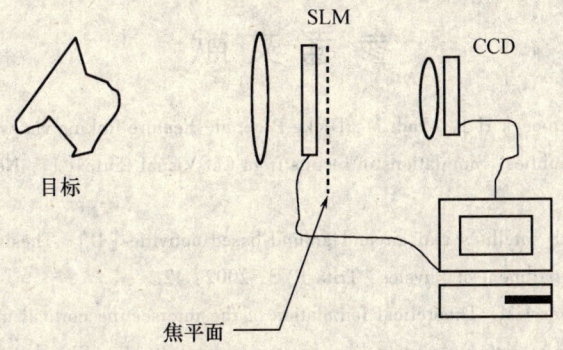

图 8.5 计算结果与 PCNN 一样的光学系统

设输入图像为 S,SLM 图像为 A,那么聚焦面上的图像 F 为:

$$F_{ij} = S_{ij} \sum_{kl} m_{ijkl} A_{kl} \tag{8.1}$$

其中,m 显示了由图像的离焦特性产生的本地互联。

CCD 检测到输入图像的能量,然后从 CCD 中读出元素 F_{ij}^2。应该注意到 F_{ij} 是正的和不连续的(无相位),所以检测过程对数据没有任何影响。

然后这个数据被送入计算机做一个阈值操作。由于阈值很难用光学方式实现,所以利用计算机进行操作。计算机主要执行:

$$A_{ij} = \begin{cases} 1 & |F_{ij}|^2 < \gamma \\ 0 & \text{其它} \end{cases} \tag{8.2}$$

其中 1 和 0 分别表示 SLM 的 ON 和 OFF 状态,γ 是一个依赖于全部照明度和检测偏差等的常量。

由此可见,光学系统的执行操作不同于它们来自 PCNN 的数学方法。但是,输出图像与 PCNN 的输出很相似。因此,这个光学系统实际上能被用来模拟 PCNN。

利用光学系统的主要优势是能够并行地处理全部互联。对于大型卷积核来讲这是一个优势。系统的速度限制在 SLM 和 CCD 的响应频率,如普通 SLM 和 CCD 为 30 Hz。当然,更高速的器件也在发展与研制中。

8.6 小结

为了用硬件实现 PCNN 或者类似硬件实现结构而探讨了多种方式,目的是为了能最快地得到脉冲图像。但是,许多架构是在低于 100 MHz 的台式电脑的运行速度下实现的。当电脑变得更快时,硬件实现的需求会变得更少。这个好兆头意味着 PCNN 和 ICM 不用特殊的硬件就能很容易实现。

参 考 文 献

[1] Eckhorn R, Reitboeck H J, Arndt M, Dicke P, et al. Feature linking via synchronization among distributed assemblies: Simulations of results from Cat Visual Cortex[J]. Neural Comp., 1990, 2: 293-307.

[2] Ekblad U. Earth satellites and air and ground-based activities[D]. Thesis, Royal Institute of Technology, Department of Physics, Trita-FYS, 2002: 42.

[3] Ekblad U, Kinser J M. Theoretical foundation of the intersecting cortical model and its use for change detection of aircraft, cars and nuclear explosion tests[J]. Signal Processing, 2004, 84: 1131-1146.

[4] Ekblad U, Kinser J M, Atmer J, Zetterlund N, et al. The intersecting cortial model in image processing[J]. Nucl. Instr. Meth. A, 2004, 525: 392-396.

[5] FitzHugh R. Impulses and phsyiological states in theoretical models of nerve membrane[J]. Biophysics J, 1961, 1: 445-466.

[6] Hodgkin A L, Huxley A F. A quantitative description of membrane current and its application to conduction and excitation in nerve[J]. Journal of Physiology, 1952, 117: 500-544.

[7] Johnson J L. Pulse-Coupled Neural Nets: Translation, rotation, scale, distortion, and intensity signal invariances for images[J]. Appl. Opt., 1994, 33 (26): 6239-6253.

[8] Kinser J M. The determination of hidden neurons[J]. Optical Memories and Neural Networks, 1996, 5(4): 245-262.

[9] Labbi A, Milanese R, Bosch H. A network of FitzHugh-Nagumo oscillators for object segmentation[C]. NOLTA97: Proc. of International Symposium on Nonlinear Theory and Applications, Nov. 29-Dec. 3, Hawaii 1997: 581-584.

[10] Nagumo J, Arimoto S, Yoshizawa S. An active pulse transmission line stimulating nerve axon [J]. Proc. IRE, 1962, 50: 2061-2070.

[11] Parodi O, Combe P, Ducom J-C. Temporal encoding in vision: Coding by spike arrival times leads to oscillations in the case of moving targets[J]. Biol. Cybern., 1996, 74: 497-509.

[12] Rybak I A, Shevtsova N A, Sandler V A. The model of a Neural Network visual processor[J]. Neurocomputing, 1992, 4: 93-102.

[13] Balkarey Y I, Evtikhov M G, Elinson M I. Autowave media and Neural Networks[C]. SPIE, 1991, 1621: 238-249.

[14] Gernster W. Time structure of the activity in Neural Network Models[J]. Phys. Rev. E., 1995, 51(1): 738-758.

[15] Grayson M A. The heat equation shrinks embedded plane curves to round points[J]. J. Differential Geometry 1987, 26: 85-314.

[16] Ranganath H S, Kuntimad G. Image segmentation using pulse coupled neural networks[C]. IEEE World Congress on Computational Intelligence: 1994 IEEE International Conference on Neural Networks, 1994, 2: 1285-1290.

[17] Johnson J L, Padgett M L. PCNN models and applications[J]. IEEE Trans. on Neural Net-

works, 1999, 10(3): 480-498.

[18] Kinser J M. Hardware: Basic requirements for implementation[C]. Proc. Of SPIE, Stockholm, June, 1998, 3728: 222-229.

[19] Kinser J M. Image signatures: Classification and ontology[C]. Proc. of the 4th IASTED Int. Conf. on Computer Graphics and Imaging, 2001.

[20] Malladi R, Sethian J A. Level set methods for curvature flow, image enhancement, and shape recovery in medical images[C]. Proc. of Conf. on Visualization and Mathematics, June, 1995. Berlin: Springer, 1995, 329-345.

[21] McEniry C, Johnson J L. Methods for image segmentation using a Pulse-Coupled Neural Network[J]. Neural Network World, 1997, 2: 177-189.

[22] Mirollo R E, Strogatz S H. Synchronization of pulse-coupled biological oscillators[J]. SIAM J. of Appl. Math. 1990, 50(6): 1645-1662.

[23] Mornev O A. Elements of the optics of autowaves[M]//Krirsky V I. Self-Organization Autowaves and Structures far from Equilibrium. Berlin: Springer-Verlag, 1984: 111-118.

[24] Neibur E, Wörgötter F. Circular inhibition: A new concept in long-range interaction in the Mammalian Visual Cortex[C]. Proc. IJCNN. San Diego, 1990, II: 367-372.

[25] Akay M. Wavelet application in medicine[J]. Spectrum, May 1997, 50-56.

[26] Brasher J, Kinser J M. Fractional-power synthetic discriminant functions[J]. Pattern Recognition, 1994, 27(4): 577-585.

[27] Horner J L. Metrics for assessing pattern recognition[J]. Appl. Opt. , 1992, 31(2): 165-166.

[28] Johnson J L, Padgett M L, Friday W A. Multiscale image factorization[C]. Proc. Int. Conf. on Neural Networks, ICNN97, Houston TX, June, 1997. Invited paper, 1465-1468.

[29] Kinser J M, Johnson J L. Stabilized input with a feedback Pulse-Coupled Neural Network[J]. Opt. Eng. ,1996, 35(8): 2158-2161.

[30] Kinser J M, Lindblad T. Detection of microcalcifications by cortial stimulation[C]//Bulsari A B, Kallio S. Neural Networks in Engineering Systems, EANN 97, Stockholm, June, 1997. Turku, 1997: 203-206.

[31] Kumar B V K V. Tutorial survey of composite filter designs for optical correlators[J]. Appl. Opt. , 1992, 31(23): 4773-4801.

[32] Moody J, Darken C J. Fast learning in networks of locally tuned processing units[J]. Neural Computation, 1989, 1: 281-294.

[33] Padgett M L, Johnson J L. Pulse-Coupled Neural Networks (PCNN) and wavelets: Biosensor applications[C]. Proc. Int. Conf. on Neural Networks, ICNN97, Houston TX, June, 1997, Invited paper, 2507-2512.

[34] Waldemark J, Beccanovic V, Lindblad T, Lindsey C S, et al. Hybrid Neural Networks for automatic target recognition[C]. IEEE Conf. on System, Man and Cybernetics, SMC97, October, 1997, Orlando, FL, USA, 4: 4016-4021.

[35] Wilensky G, Manukian N. The projection Neural Network[C]. Int. Joint Conf. on Neural Networks, 1992, II: 358-367.

[36] Waldemark J, Beccanovic V, Brännström U, Holmström C, Larsson M, Lindblad Th, Lindsey C S, Steen A, et al. A Pulse-Coupled Neural Network pre processing of aurora images[C]// Bulsari A B, Kallio S. Neural Networks in Engineering Systems, EANN97, Stockholm, June, 1997. Turku, 1997: 29 - 32.

[37] Eide A J, Waldemark J, Beccanovic V, Brännström U, Holmström C, Larsson M, Lillesand I M, Lindblad Th, Lindsey C S, Steen A, et al. A Pulse-Coupled Neural Network pre processing of aurora images[C]. Proc. 2nd Workshop on AI Applications in Solar-Terrestrial Physics, July 29 - 31, 1997, Lund, Sweden, ESA, WPP-148.

[38] Cheng L-J, Chao T-H, Reyes G. Acousto-optic tunable filter multispectral imaging system [C]. AIAA Space Programs and Technologies Conference, paper no. 92 - 1439, March 24 - 27, 1992.

[39] Cheng L-J, Chao T-H, Dowdy M, LaBaw C, Mahoney C, Reyes G, Bergman K. Multispectral imaging systems using acousto-optic tunable filter[C]. Infrared and Millimeter Wave Engineering, SPIE Proc. 1993, 1874: 224 - 231.

[40] Kinser J M. Object isolation[J]. Optical Memories and Neural Networks, 1996, 5(3): 137 - 145.

[41] Kinser J M. Object Isolation Using a Pulse-Coupled Neural Network[C]. Proc. SPIE, 1996, 2824: 70 - 77.

[42] Jinser J M. Pulse-coupled image fusion[J]. Opt. Eng., 1997, 36(3): 737 - 742.

[43] Kinser J M, Wyman C L, Kerstiens B L. Spiral image fusion: A 30 parallel channel case[J]. Opt. Eng., 1998, 37(02): 492 - 498.

[44] Ranganath H, Kuntimad G, Johnson J L. Image segmentation using Pulse-Coupled Neural Networks[C]. Proc. of IEEE Southeastcon, Rayleigh, N. C., 1995: 49 - 53.

[45] Chen Y Q, Nixon M S, Thomas D W. Statistical geometrical features for texture classification [J]. Pattern Recognition, 1995, 28(4): 537 - 552.

[46] Chen Y Q. Novel Techniques for image texture classification[D]. PhD Thesis, University of Southampton, Department of Electronics and Computer Science, 1996.

[47] Haralick R M, Shanmugam K, Dinstein I. Textural features for image classification[J]. IEEE Trans. on System, Man. Cybernetics, 1973, 3: 610 - 621.

[48] Haddon J F, Boyee J F. Co-occurrence matrices for image analysis[J]. IEEE Electronics and Communications Engineering Journal, 1993, 5(2): 71 - 83.

[49] He D C, Wang L. Texture features based on texture spectrum[J]. Pattern Recognition, 1991, 25(3): 391 - 399.

[50] Kinser J M. Fast analog associative memory[C]. Proc. SPIE, 1995, 2568: 290 - 293.

[51] Laws K I. Textured image segmentation[D]. PhD Thesis, University of Southern California, Electrical Engineering, January, 1980.

[52] http://www.cssip.elec.uq.edu.au/~guy/meastex/meastex.html

[53] Pratt W K. Digital Image Processing[M]. New York: Wiley-Interscience, 2001.

[54] Singh S, Singh M. Texture analysis experiments with Meastex and Vistex benchmarks[C]// Singh S, Murshed N, Kropatsch W. Lecture Notes in Computer Science, Proc. Int. Conf. on

Advances in Pattern Recognition, Rio, Mar. 11 – 14, 2001. Berlin: Springer-Verlag, 2013: 417 – 424.

[55] Singh M, Singh S. Spatial texture analysis: A comparative study. ICPR 02: Proc. 15th Int. Conf. on Pattern Recognition, Quebec, Aug. 11 – 15, 2002.

[56] Tuceryan M, Jain A K. Texture analysis[M]. Chen C H, Pau L F, Wang P S. Handbook of Pattern Recognition and Computer Vision. Singapore: World Scientific Publishing, 1993: 235 – 276.

[57] Vasquez M R, Katiyar P. Texture classification using logical operations[J]. IEEE Trans. on Image Analysis, 2000, 9(10): 1693 – 1703.

[58] Kinser J M, Nguyen C. Image object signatures from centripetal autowaves[J]. Pattern Recognition Letters, 2000, 21(3): 221 – 225.

[59] McClurken J W, Zarbock J A, Optican L M. Temporal codes for colors, patterns and memories [J]. Cerebral Cortex, 1994, 10: 443 – 467.

[60] Akatsuka H, Imai S. Road signposts recognition system[C]. Proc. SAE Vehicle Highway Infrastructure: Safety Compatibility, 1987: 189 – 196.

[61] Arens J, Saremi A, Simmons C. Color recognition of retroreflective traffic signs under various lighting conditions[J]. Public Roads, 1991, 55: 1 – 7.

[62] Besserer B, Estable S, Ulmer B. Multiple knowledge sources and evidential reasoning for shape recognition[C]. Proc. IEEE 4th Conference on Computer Vision, 1993, 624 – 631.

[63] Buta R, Mitra S, de Vaucouleurs G, Corwin H G, et al. Mean morphological types of bright galaxies[J]. Atronomical Journal, 1994, 107: 118.

[64] Carron T, Lambert P. Color edge detector using jointly hue, saturation and intensity[C]. IEEE Int. Conf. on Image Processing, 1994, 3: 977 – 981.

[65] Darrell T, Essa I, Pentland A. Task-specific gesture analysis in real-time using interpolated views[J]. IEEE Trans. Pattern Anal. and Mach. Intell. , 1996, 18(12): 1236 – 1242.

[66] Davis J, Shah M. Recognizing hand gestures[C]. ECCV94, 1994: 331 – 340.

[67] de Vaucouleurs G, de Vaucouleurs A, Corwin H G, Buta R, Paturel G, Fouque P, et al. Third Reference Catalog of Bright Galaxies[M]. New York: Springer-Verlag, 1991.

[68] de Saint Blancard M. Road sign recognition: A study of vision-based decision making for road environment recognition[M]//Masaki I. Vision-Based Vehicle Guidance, New York, Berlin, Heidelberg: Springer-Verlag, 1992: 162 – 172.

[69] Dubuisson M P, Jain A. Object contour extraction using color and motion[C]. IEEE Int. Conf. Image Processing, 1994: 471 – 476.

[70] Eggen O J, Lynden-Bell D, Sandage A R. Evidence from the motion of old stars that the galaxy collapsed[J]. Astrophysical Journal, 1962, 136: 748.

[71] Fels S S, Hinton G E. Glove-talk: A neural network interface between a data-glove and a speech synthesizer[J]. IEEE Trans. Neural Network,1993, 4: 2 – 8.

[72] Freeman W T, Weissman C D. Television control by hand gestures[C]. Proc. Int. Workshop on Automatic Face and Gesture Recognition, 1995: 179 – 183.

[73] Frei Z, Guhathakurta P, Gunn J E, Tyson J A. A catalog of digital images of 113 nearby gal-

axies[J]. Astronomical Journal, 1996, 111: 174-181.

[74] Funt B V, Finlayson G D. Color constant color indexing[J]. IEEE Trans. On Patt. Anal. Mach. Intell. , 1955, 17(5): 522-529.

[75] Hawker L. The introduction of economic assessment to pavement maintenance management decisions on the United Kingdom using private finance[C]. XIIIth IRF World Meeting, Toronto, Ontario, Canada, 1997.

[76] Healey G, Slater D. Global color constancy: recognition of objects by use of illumination-invariant properties of color distributions[J]. J. Opt. Soc. Am. A, 1994, 11(11): 3003-3010.

[77] Hong J, Wolfson H. An improved model-based matching method using footprints[C]. Proc. 9th Int. Conf. Pattern Recognition, IEEE, 1988: 72-78.

[78] Huang T S, Pavlovic V I. Hand modelling, analysis, and synthesis[C]. Int. Workshop on Automatic Face and Gesture Recognition, Zurich, June 26-28, 1995: 73-79.

[79] Isard M, Blake A. Condensation-conditional density propagation for visual tracking[J]. International Journal of Computer Vision, 1998, 29(1): 5-28.

[80] Johansson G. Visual perception of biological motion and a model for its analysis[J]. Perception and Psychophysics, 1973, 73(2): 201-211.

[81] Kehtarnavaz N, Griswold N C, Kang D S. Stop-sign recognition based on color-shape processing[J]. Machine Vision and Applications 1993, 6: 206-208.

[82] Kellmeyer D, Zwahlen H. Detection of highway warning signs in natural video images using color image processing and neural networks[C]. IEEE Proc. Int. Conf. Neural Net 7, 1994: 4226-4231.

[83] Krumbiegel D, Kraiss K F, Schreiber S. A connectionist traffic sign recognition system for onboard driver information[C]. 5th IFAC/IFIP/IFORS/IEA Symposium on Analysis, Design and Evaluation of Man-Machine Systems,1993: 201-206.

[84] Lamdan Y, Wolfson H. Geometric hashing: a general and efficient modelbased recognition scheme[C]. Proc. 2nd Int. Conf. on Computer Vision, IEEE, 1998: 238-249.

[85] Lee J, Kunii T L. Model-based analysis of hand posture[J]. IEEE Computer Graphics and Applications, 1995, 77-86.

[86] Littmann E, Drees A, Ritter H. Visual gesture-based robot guidance with a modular neural system[C]//Advances in Neural Information Processing Systems 8, San Mateo: Morgan Kaufman Publishers, 1996: 903-909; Littmann E, Drees A, Ritter H. Neural system recognizes human pointing gestures in real images [C]//Neuronale Netze in Ingenieursanwendungen, ISD, Universität Stuttgart, 1996: 53-64.

[87] Miller M A. Chemical database techniques in drug discovery[J]. Nature, 2002, 220-227.

[88] Ohlander R, Price K, Reddy D. Picture segmentation using a recursive region splitting method. Computer Graphics and Image Processing, 1978, 8: 313-333.

[89] Ohta Y, Kanade T, Sakai T. Color information for region segmentation[J]. Computer Graphics and Image Processing, 1980,13:224-241.

[90] Perez F, Koch C. Toward color image segmentation in analog VLSI: Algorithm and hardware [J]Int. J. of Computer Vision, 1994, 12(1): 17-42.

[91] Piccioli G, Michelli E D, Campani M. A robust method for road sign detection and recognition [C]. Proc. European Conf. on Computer Vision, 1994: 495-500.

[92] Piccioli G, Michelli E D, Parodi P. Campani M. Robust road sign detection and recognition from image sequence[C]. Proc. Intelligent Vehicles, 1994: 278-283.

[93] Priese L, Rehrmann V. On hierarchical color segmentation and applications[C]. Proc. CVPR, 1993: 633-634.

[94] Priese L, Klieber J, Lakmann R, Rehrmann V, Schian R. New results on traffic sign recognition[C]. IEEE Proc, Intelligent Vehicles94 Symposium, 1994: 249-253.

[95] Pynn J, Wright A, Lodge R. Automatic identification of road cracks in road surfaces[C]. Proc. 7th Int. Conf. on Image Processing and Its Applications 2, Manchester (UK), 1999: 671-675.

[96] Roberts M S, Haynes M P. Physical parameters along the Hubble sequence[J]. Annual Review Astronomy and Astrophysics, 1994, 32: 115.

[97] Rughooputh H C S, Bootun H, Rughooputh S D D V. Intelligent hand gesture recognition for human computer interaction and robotics[C]. Proc. RESQUA2000: The First Regional Symposium on Quality and Automation: Quality and Automation Systems for Advanced Organizations in the Information Age, IEE, Universiti Sains, Malaysia, 2000: 346-352.

[98] Rughooputh H C S, Rughooputh S D D V, Kinser J. Automatic inspection of road surfaces [C]//Tobin K W, Jr.. Machine Vision Applications in Industrial Inspection VIII, Proc. SPIE, 2000, 3966: 349-356.

[99] Rughooputh S D D V, Somanah R, Rughooputh H C S. Classification of optical galaxies using a PCNN[C]//Nasrabadi N. Applications of Artificial Neural Networks in Image Processing V, Proc. 2000, SPIE, 3962(15): 138-147.

[100] Rughooputh S D D V, Bootun H, Rughooputh H C S. Intelligent traffic and road sign recognition for automated vehicles[C]. Proc. RESQUA2000: The First Regional Symposium on Quality and Automation: Quality and Automation Systems for Advanced Organizations in the Information Age, IEE, Universiti Sains, Malaysia, 2000, 4(5): 231-237.

[101] Rughooputh S D D V, Rughooputh H C S. Neural network based chemical structure indexing [J]. Chem. Inf. Comput. Sci, 2001, 41: 713-717.

[102] Rybak I A, Shevtsova N A, Podladchikova L N, Golovan A V, et al. A visual cortex domain model and its use for visual information processing[J]. Neural Networks, 1991, 4: 3-13.

[103] Sandage A, Freeman K C, Stokes N R. The intrinsic flattening of e, so, and spiral galaxies as related to galaxy formation and evolution[J]. Astrophysical Journal 1970, 160: 831.

[104] Searle L, Zinn R. Composition of halo clusters and the formation of the galactic halo[J]. Astrophysical Journal, 1978, 225: 357.

[105] Siskind J M, Morris Q. A maximum-likelihood approach to visual event classification[C]. Proc. 4th European Conf. on Computer Vision, 1996: 347-360.

[106] Somanah R, Rughooputh S D D V, Rughooputh H C S. Identification and classification of galaxies using a biologically-inspired neural network[J]. Astrophys and Space Sci, 2002, 282: 161-169.

[107]　Srinivasan R, Kinser J, Schamschula M, Shamir J, Caulfield H J, et al. Optical syntactic pattern recognition using fuzzy scoring[J]. Optics Letters, 1996, 21(11): 815–817.

[108]　Srinivasan R, Kinser J. A foveating-fuzzy scoring target recognition system[J]. Pattern Recognition, 1998, 31(8): 1149–1158.

[109]　Stein F, Medioni G. Structural indexing: efficient 2-D object recognition[J]. IEEE Trans. Patt. Anal. Mach. Intell. 1992, 14(12): 1198–1204.

[110]　Suetens P, Fua P, Hanson A J. Computational strategies for object recognition[J]. ACM Computing Surveys 1992, 24(1): 5–61.

[111]　Swain M J, Ballard D. Indexing via color histograms[C]. IEEE Proc. 3rd Conf. Computer Vision, IEEE, 1990: 1390–393.

[112]　Swain M J, Ballard D. Color indexing[J]. Int. Computer Vision, 1991, 7(1): 111–32.

[113]　Tomikawa T. A study of road crack detection by the meta-generic algorithm[C]. Proc. of IEEE African99 Int. Conf., Cape Town, 1999: 543–548.

[114]　Tominaga S. A color classification method for color images using a uniform color space[C]. IEEE CVPR, 1990: 803–807.

[115]　van de Bergh S. Luminosity classification of galaxies in the revised Shapley-Ames catalog[J]. Publications of the Astronomical Society 94, 1982; 745.

[116]　Wilson A D, Bobick A F. Recognition and interpretation of parametric gesture[C]. Proc. 6th Int. Conf. on Computer Vision, 1998: 329–336.

[117]　Yang M H, Ahuja N. Extraction and classification of visual motion patterns for hand gesture recognition[J]. Proc. of IEEE CVPR, Santa Barbara, 1998, 892–897.

[118]　Yarbus A L. The Role of Eye Movements in Vision Process[M]// Yarbus A L. Eye Movements and Vision, Moscow, USSR, Nauka, 1965. New York: Plenum, 1968.

[119]　Forchheimer R, Ingelhag P, Jansson C. MAPP2200-A second generation smart optical sensor [C]. Proc. SPIE, 1992,1659: 2–11.

[120]　Forchheimer R. Smart (optical) sensor hardware realisations. Mini-Workshop on Neural Networks for Imaging Sensors, Swedish Defence Labs, Link¨oping, August 1996, unpublished.

[121]　Guest C. University of California at San Diego. Work presented at the PCNN International Workshop, MICOM, Huntsville, AL, 1965,4.

[122]　LAPP1110 ISA System Users Documentation. Integrated Vision Products AB, S-583 30 (Link¨oping, Sweden 1997).

[123]　Kinser J M, Lindblad Th. Implementation of the Pulse-Coupled Neural Network in a CNAPS environment[J]. IEEE Trans. on Neural Nets, 1999, 10(3): 591–599.

[124]　Waldemark J, Lindblad T, Lindsey C S, Waldemark K E, Oberg J, Millberg M, et al. Int. Conf. of Applications and Science of Computational Intelligence, Orlando, FL, April, 1998 [C]. Proc. SPIE, 1998, 3390: 392–402.

索引

BP(Back Propagation,BP)　38
ChemExper 化学药品目录(chemical directory)　103
ChemFinder　103
ChemIDplus　103
CNAPS 单指令多数据(Single Instruction Multiple Data,SIMD)　122
Fitzhugh-Nagumo 模型(Fitzhugh-Nagumo Model)　6
HARRIS　117
Hodgkin-Huxley 模型(Hodgkin-Huxley Model)　5
iso $-\Delta v$　89
Kaiser 窗口(Kaiser window)　66
LAPP　124
Learjet 喷气式飞机　38
MAPP2200　124
MD 算法(Moody-Darken algorithm)　38
MIG-29　38
NIST 数据库(NIST database)　103
Parodi 模型(Parodi model)　9
RGB 三基色(红、绿、蓝)　81
Rybak 模型(Rybak model)　8
SAAB JAS 39 战斗机　37
k-最近邻(k-nearest neighbors)　73
凹(foveation)　91
澳大利亚手势语(Australian Sign Language,AUSLAN)　115
杯状细胞(goblet)　75
北极光(aurora borealis)　39
边缘频率法(Edge Frequency,EF)　73
边缘提取(edge extraction)　34
彩色图像(colour image)　59
差异性(discrimination)　2
超大规模集成电路(VLSI)　124
超高速集成电路硬件描述语言(VHDL)　125

索引

粗线迷宫(thick maze) 99
导航系统(navigational systems) 113
德坡振荡器(van der pol oscillator) 6
低频(lower frequencies) 31
地雷(Landmine) 66
递归图像发生器(Recursive Image Generator,RIG) 49
电荷耦合器件(CCD) 128
动态目标分离(Dynamic Object Isolation,DOI) 51
多光谱(multi-spectral) 59
多光谱PCNN[multi-spectral PCNN(εPCNN)] 59
二进制条形码(Binary Barcode,BBC) 100
二元叠加法(Binary Stack Method,BSM) 73
二值相关(binary correlations) 41
反馈(feeding) 11
反馈脉冲耦合神经网络(Feedback PCNN,FPCNN) 46
反馈式脉冲图像发生器(feedback pulse image generator) 46
非同步(de-synchronisation) 13
分类(classification) 2
分泌腺(secretion) 75
复合滤波器(composite filter) 40
傅里叶滤波器(fourier filter) 30
干涉(interference) 24
高频(higher frequencies) 31
高斯型的连接(Gaussian type of interconnections) 16
共生矩阵法(Co-occurrence Matrices,CM) 73
光学脉冲耦合神经网络(Optical PCNN) 128
含噪图像(noisy images) 54
航空器识别(aircraft recognition) 37
化学结构软件/阅读器(chemical structure / viewers) 105
化学药品索引(chemical indexing) 103
化学药品文摘服务(Chemical Abstracts Services,CAS) 103
灰度条形码[Grey Level Barcode(GBC)] 100
交叉皮层模型(Intersecting Cortical Model,ICM) 4
径向基函数(Radial Basis Function,RBF) 38
空间光调制器(Spatial Light Modulator,SLM) 128
快速连接(fast linking) 14
量化耦合连接(quantized linking) 14
路标(road signs) 114
路面检测(road surface inspection) 117
滤波(filtering) 2

索 引

逻辑投影网络（Logicon Projection Network，LPN） 38
脉冲捕获（pulse capture） 13
脉冲耦合神经网络（Pulse Coupled Neural Network，PCNN） 4
脉冲图像（pulse images） 14
美式手语（American Sign Language，ASL） 115
迷宫（maze） 98
模板滤波法（Law's Masks，LM） 73
模拟时序仿真（analogue time simulation） 20
目标分离（object isolation） 48
目标识别（object recognition） 29
耦合连接（linking） 11
平滑（smoothing） 19
签名数据库（Signature Database） 84
前向反馈（Feedforward） 3
曲率流（Curvature flow） 26
乳腺 X 射线图像（Mammography） 36
瑞士阿尔卑斯山脉（Swiss Alps） 37
射频（Radio Frequency，RF） 64
神经网络（neural network） 2
声光调谐滤波器（Acousto-Optical Tunable Filter，AOTF） 64
时间延迟神经网络（Time-Delay Neural Network，TDNN） 117
识别（recognition） 2
视觉皮层（visual cortex） 2
手势识别（hand gesture recognition） 114
手写体字符（handwritten characters） 92
手语（sign language） 115
数据序列（data sequences） 101
条形码（barcodes） 99
停车时的速度（anchor velocity） 89
通用性（generalization） 2
图像处理（image processing） 1
图像分割（image segmentation） 35
图像分解（image factorisation） 44
图像签名（image signatures） 79
图像融合（image fusion） 59
图像特征（image features） 30
图像纹理（image texture） 70
图像形状（image shape） 81
外侧膝状核（Lateral Geniculate Nucleus，LGN） 4
纹理（texture） 46

纹理谱法(Texture Spectrum,TS)　　73
纹理算子法(Texture Operators,TO)　　73
希尔排序(Hill order)　　105
细胞核(nucleus)　　75
现场可编程门阵列(Field Programmable Gate Arrays,FPGAs)　　125
向心自动波(centripetal autowaves)　　27
小波(wavelets)　　2
小数幂指数滤波器(Fractional Power Filter,FPF)　　40
行程法(Run Length,RL)　　73
血液红细胞(red blood cell)　　35
星系分类(galaxy classification)　　109
异或(XOR)　　3
阴影(shadows)　　53
有害物质数据库结构(Hazardous Substances Databank Structures,HSDB)　　103
运动估计(motion estimation)　　88
直方图(histogram)　　96
自动波(autowave)　　12
自动目标识别(Automatic Target Recognition,ATR)　　37
自相关法[Autocorrelation (ACF)]　　73
最高峰与相关能量的比值(Peak to Correlation Energy,PCE)　　49
最佳视角(Optimal Viewing Angle)　　85
最小平均相关能量滤波器(minimum average correlation energy filter)　　40

郑 重 声 明

高等教育出版社依法对本书享有专有出版权。任何未经许可的复制、销售行为均违反《中华人民共和国著作权法》,其行为人将承担相应的民事责任和行政责任,构成犯罪的,将被依法追究刑事责任。为了维护市场秩序,保护读者的合法权益,避免读者误用盗版书造成不良后果,我社将配合行政执法部门和司法机关对违法犯罪的单位和个人给予严厉打击。社会各界人士如发现上述侵权行为,希望及时举报,本社将奖励举报有功人员。

反盗版举报电话:(010) 58581897/58581896/58581879
传　　真:(010) 82086060
E - mail: dd@hep.com.cn
通信地址:北京市西城区德外大街 4 号
　　　　　高等教育出版社打击盗版办公室
邮　　编:100011

购书请拨打电话:(010)58581118